NAIL
MANICURE
FOUNDATION
TUTORIAL

美甲造型
基础教程

成妆职业技能培训学校 罗兰 编著

人民邮电出版社

北京

图书在版编目（CIP）数据

美甲造型基础教程 / 罗兰编著. -- 北京 ：人民邮
电出版社，2019.4
ISBN 978-7-115-50038-0

Ⅰ．①美… Ⅱ．①罗… Ⅲ．①指(趾)甲－化妆－教材
Ⅳ．①TS974

中国版本图书馆CIP数据核字(2018)第300173号

内 容 提 要

本书注重对美甲方法和技巧等基础知识的讲解，结构清晰，内容全面。

本书首先讲解了美甲、美甲造型师、美甲工具和指甲的相关知识，然后对常用的美甲方法进行了介绍。书中安排了大量的实例练习，能够帮助读者快速提升美甲造型技能。实例类型涵盖甲油胶造型、特定甲油胶造型、贴片甲造型、光疗甲造型、水晶甲造型、琉璃甲造型、彩绘甲造型和雕花甲造型等。最后还对卸甲知识、手足护理知识以及不同风格的美甲造型设计进行了讲解。此外，书中展示的大量美甲作品还可以帮读者拓展学习思路。

本书既可供美甲师和美甲爱好者阅读，也可以作为美甲艺术培训机构、美甲店和美甲工作室的参考书。

◆ 编　著　成妆职业技能培训学校　罗　兰
责任编辑　赵　迟
责任印制　马振武

◆ 人民邮电出版社出版发行　　北京市丰台区成寿寺路 11 号
邮编　100164　电子邮件　315@ptpress.com.cn
网址　http://www.ptpress.com.cn
北京九天鸿程印刷有限责任公司印刷

◆ 开本：787×1092　1/16
印张：15.5　　　　　　　　　2019 年 4 月第 1 版
字数：435 千字　　　　　2025 年 1 月北京第 9 次印刷

定价：118.00 元

读者服务热线：(010)81055410　印装质量热线：(010)81055316
反盗版热线：(010)81055315
广告经营许可证：京东市监广登字 20170147 号

前言

    美甲是一门技术，想要做出漂亮、时尚的指甲，除了要掌握关于指甲的一些专业知识，还需要了解色彩知识、搭配知识和绘画知识等。美甲师要有敏锐的时尚嗅觉，更要学会化繁为简，能够将大千世界之美容纳于十指之间。美甲是一门独特的艺术，它不同于纸墨作画，却能展现出与其相同甚至更大的魅力。

    无论做什么事情，想要获得成功都少不了加倍的努力和辛勤的付出，学习美甲设计也不例外。在学习美甲的过程中，需要多看多练，勤于思考，善于总结；要多尝试，不要害怕失败。通过日积月累，相信读者一定可以领悟到美甲设计的精髓所在。如今，美甲技术日新月异，不断学习，不断充实自己，善于创新，是一个美甲师应该具备的素质。此外，一个优秀的美甲师不仅要具备专业的技能，还要有良好的职业道德和服务意识，这样才能在美甲的道路上走得更远。

    本书在满足实用需求的基础上，增加了艺术创作环节，把流行趋势和潮流元素融合到美甲造型设计中。在本书中，我将自己多年以来的美甲经验和所掌握的美甲技巧总结并分享出来。希望读者通过对本书的学习，能够掌握美甲技术，并将所学的知识运用于实践当中。希望读者在实践中感受到美甲的快乐！

    在此，我要感谢我的家人、朋友、同事、学员和所有帮助过我的人，特别感谢手模和摄影老师。因为你们，我才更加勇敢，这本书才能顺利完成！

罗兰

2019年2月1日

目录

目录

目录

目录

目录

01

了解美甲和美甲造型师

一、了解美甲

1. 美甲的历史与发展

◎ 美甲的历史

美甲的历史源远流长，在古埃及时期，人们就已经开始美甲了。他们先用臆羚的毛皮摩擦指甲，使指甲发亮，而后涂以散沫花的花汁，使其呈现迷人的艳红色。

我国古代有染甲的习俗。那时，人们用的材料是凤仙花，做法是将腐蚀性较强的凤仙花的花朵和叶片放在小钵中捣碎，加少量明矾，便可以用来浸染指甲。也可将丝棉捏成像指甲一样的薄片，浸入花汁，等到吸饱花汁后取出，放在指甲表面，连续浸染3~5次，被染过的指甲数月都不会褪色。

◎ 美甲的发展

美甲是一个极具发展潜力的行业，涉及影视、传媒、时装及饰品等多个领域。我国的美甲行业正处于发展阶段。不过，随着我国经济的快速发展，生活质量的不断提高，人们更加追求精神生活，讲究生活品质。尤其是女性，她们对美的要求越来越高，美甲已成为很多女性生活当中必不可少的一部分。现在的美甲培训机构、美甲工作室、美甲产品公司、影楼工作室、婚庆公司等，对于美甲人才的需求越来越大。

目前，与美甲相关的岗位大致分为专业美甲师、美甲销售、美甲样板师、美甲培训讲师、美甲定制师等。

2. 美甲的概念与作用

◎ 美甲的概念

美甲是一种对指甲进行装饰美化的工作，又称甲艺设计。美甲是根据客人的手形、甲形、肤质、服饰色彩，以及他们的要求，对指甲进行消毒、清洁、护理、保养、修饰和美化的过程。美甲具有表现形式多样化的特点。

◎ 美甲的作用

美甲的作用是美化人的指甲，去除瑕疵，掩盖缺点，突出优点，展现健康而美丽的指甲。

3. 美甲的类型

◎ 指甲笔绘

指甲笔绘是指用美甲专用颜料对指甲进行图案彩绘的一种美甲方式。美甲专用颜料一般分为两种：一种是丙烯颜料，另一种是美甲彩绘胶。两者材质不一样，具体的操作方法和技巧也不一样。丙烯颜料可以直接用小笔进行彩绘，清洗的时候用自来水即可；彩绘胶也可以用小笔彩绘，但是需要在彩绘后进行照灯，清理时需要用专用的清洗啫喱水。

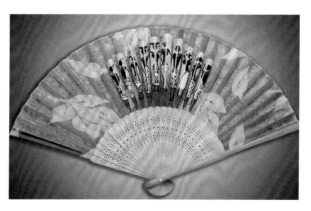

◎ 指甲喷绘

指甲喷绘是利用喷枪的气压喷出颜料，并搭配多种纸膜彩绘出各种图样的美甲方式。它的优点是能表现出其他美甲造型无法达到的深度及层次感，并能长时间保持造型的完整。喷绘美甲的工作原理来源于喷画技术。

◎ 贴片甲

贴片甲是用指甲专用胶水将全贴或半贴甲片粘贴在指甲表面，使甲形看起来修长的一种美甲方式。其缺点是透气性较差。贴片一般分为生活类和艺术类，生活类包括半贴、全贴、法式贴，艺术类包括琉璃贴、法拉利贴等。两种类型的操作方式是不一样的。

◎ 水晶甲

水晶甲是用水晶粉和水晶液造就优美甲形的一种美甲方式。水晶甲的特点是质地坚固耐磨，不易断裂。水晶粉需要和专业的水晶液搭配使用。传统的法式大C造型美甲就是用水晶粉制作而成的。

◎ 光疗甲

光疗甲也被称为光疗树脂甲，是水晶甲的换代产品，它无色无味，不含有害化学物质。在美甲时，需利用紫外线将天然树脂聚合于真甲表面，从而打造出坚韧、光泽的指甲。它不仅不伤真甲，而且能够增加指甲强度。只需每2~3周进行一次指甲修补，便可保持优美、晶莹通透的指甲。即使平日涂上普通甲油，甲油也会因为有了树脂打底而变得不易脱落，方便打理。

◎ 甲油胶

甲油胶是美甲行业当下流行的一种美甲产品。甲油胶的包装跟传统的指甲油的包装有些类似，都是自带刷子，可以直接涂抹。由于甲油胶见光就会固化，所以甲油胶的瓶身外面都必须喷漆以防止透光。甲油胶是胶类材质，所以在涂抹之后必须照灯。

◎ 琉璃甲

琉璃甲是在传统的水晶甲和光疗甲的基础上延伸出来的一种美甲形式，它是由液态纤维和幻彩琉璃液制作而成的。琉璃甲是美甲行业里非常受顾客欢迎的项目。琉璃甲晶莹剔透，与真甲很像，不易发黄变脆。但琉璃甲的制作过程比光疗甲和水晶甲复杂，所以收费也相对较高。

◎ 雕花甲

雕花甲的雕花是用特殊的水晶材料制作而成的。市面上有两种材质：一种是传统的水晶粉，另一种是雕花胶。这两者操作模式不太一样，但效果相同。

◎ 艺术类美甲

艺术类美甲主要用于广告拍摄、创意拍摄和静物展示等。其中，沙龙甲可以说是美甲从生活到艺术的升华，是鉴定专业美甲师技能高低的方式。

4. 美甲行业概况

目前，我国的美甲行业处于发展时期，社会对该行业的从业人员有更高的要求。无论是从业人员的专业技术、整体造型能力、服务意识，还是员工管理模式都有待提升。只有这样，整个行业才能得到更好的发展，才能实现质的飞跃。

人们在参加晚宴、婚礼、表演时，甚至在日常的工作和休闲时都会注重自身的形象塑造。可以说美甲、化妆、美容已经融入人们的生活。如今，美甲师不仅需要对指甲进行美容修饰，还需要对人物整体的形象进行全面的设计与包装，包括美甲、美足、美睫、手部保养，以及化妆、服饰与饰品的搭配等。这意味着社会对美甲师的要求会越来越高。

二、了解美甲造型师

1. 美甲造型师的主要工作和发展方向

◎ 美甲师的主要工作

美甲师的主要工作是根据顾客的手形、甲形、肤质、服饰色彩，以及他们的要求，对顾客的手足部进行消毒、清洁、护理、保养、修饰和设计。美甲师需要通过沟通，了解顾客的需求，为顾客做指甲分析，并选择适合顾客的护理方式及产品。

◎ 美甲师的发展方向

自从美甲传入国内，大大小小的美甲店迅速发展起来，专业美甲师供不应求。可见，美甲行业很有发展前景，美甲师的晋升空间也很大。他们通过学习可以逐步向美甲沙龙彩绘艺术设计师、美甲技能培训师、美甲学校教师发展，进而可以晋升为美甲器材供应商或独立开设美甲沙龙店。国际上对美甲技师的等级划分有一定的标准，美甲技师可以按照资格鉴定等级进行相应的考核。

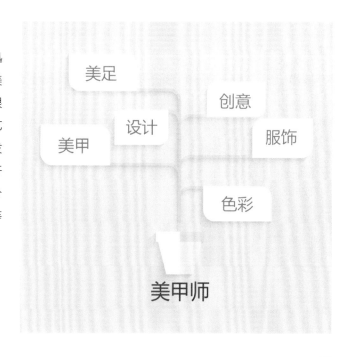

2. 美甲师需具备的条件

第1点：较好的文化修养。

第2点：较高的审美意识。

第3点：熟练的美甲技能。

第4点：良好的心理素质。

第5点：较强的语言表达能力及沟通能力。

第6点：对创新及色彩流行趋势的把控能力。

3. 美甲师礼仪规范

讲究仪表：仪表包括举止、仪容、服饰。美甲师的仪表应该端庄大方、温文尔雅。

讲究卫生：讲究个人卫生，保证工具卫生及店内卫生。

和气待人：古人云"和气生财"，只有心平气和善待客人，才能带来更多的财富。

遵时守信：美甲师在服务中应该恪守"信誉"二字，与客人有预约时一定要提前做好迎接客人的准备。

遵守秩序："没有规矩，不成方圆"，每一个美甲店（沙龙）都应该有良好的秩序。美甲师应该维护"净、静、亲、馨"的良好秩序和氛围，工作要有条不紊，切忌我行我素。这样的话，顾客也会自觉遵守秩序。美甲师要力求在良好的氛围中达到最佳的服务效果。

举止规范：美甲师的站姿、坐姿、走姿必须规范、大方。

4. 美甲师职业道德与修养

职业道德指从事某一职业的人，在工作或劳动过程中，所应遵循的与其职业活动相适应的道德原则和规范的总和。美甲师要树立"干一行，爱一行，专一行"的思想意识。

认清自我价值，热爱本职工作。美甲融合了不同文化与艺术的精华，具有很强的生命力及延展性。作为一名美甲师，不能只把从事美甲行业当成谋生的手段，而应把这份工作当作对美的推广和艺术文化的升华，这样才会使作品更加富有个性和创造力。

业精于勤。美甲师要勤奋努力、刻苦钻研，不断学习和吸取新的知识和技术，并且要学会博众家所长而集于一身，勇于推陈出新，不断开拓进取，成为行业标兵。

持之以恒，贵在坚持。美甲师应该具有远大的理想和抱负，并做到遵纪守法、敬业爱岗、礼貌待客、热忱服务、认真负责、团结协作、诚信公平、实事求是、努力学习、刻苦钻研。行为可以模仿，但品质和素养则需要从内在修养、文化素质、技能素质、心理素质等各方面综合培养。做好这些才有可能塑造出合格的美甲师的形象。

02

了解美甲工具与指甲

一、美甲工具介绍

工欲善其事，必先利其器。作为一名专业美甲师，选择专业的美甲产品、美甲工具与学习专业的技能一样重要，而且选择正确的美甲产品和美甲工具还会弥补一些美甲技巧上的缺陷。高超的美甲技巧，再加上专业的美甲产品和美甲工具的辅助，势必会让美甲师如虎添翼，创作出更加精彩的作品。

1. 专业美甲产品分类

◎ 清洁消毒类产品

清洁消毒类产品主要是酒精和清洁啫喱水。

酒精：是一种专业消毒产品，具有杀菌消毒的功效。在美甲中一般用于对工具的消毒。在购买时建议选择75%的酒精。

清洁啫喱水：又称清洗啫喱水，主要用于所有胶类指甲的清洗、甲面的清洗，以及笔的清洗。

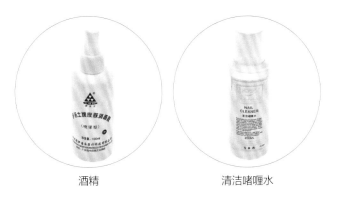

酒精　　　　　　　　　清洁啫喱水

◎ 指甲基础护理类产品

基础护理是美甲过程中必不可少的环节，常用的基础护理产品有软化剂、营养油、手部护理产品、卸甲产品、美甲平衡液、蜡。

软化剂：常见的软化剂有瓶装和笔装两种。专业美甲店多数选用瓶装的，家用可以选择笔装的，方便携带。软化剂的作用是涂在甲沟处以软化甲面死皮，方便修剪。在使用时不能涂抹得太多，也不能涂抹到本甲上，否则会造成甲面及皮肤的软化。一般情况下，使用软化剂后需要等待3~5分钟再进行处理。或者将涂抹软化剂后的指甲放于水中浸泡，可以更好、更快地软化死皮。

营养油：市场上有两种，一种是瓶装的，供专业美甲店使用；另一种是笔装的，方便携带和家用。营养油的油脂成分含量较高，作用是修剪完死皮后更好地保护指甲，及时给予指甲营养以减少死皮和倒刺的再生，使指缘皮肤更柔嫩。制作完任何一款美甲后都需要使用此产品。

手部护理产品：手部护理是顾客来美甲店必做的项目，该产品常以套盒的形式卖给顾客。

软化剂　　　　　　营养油　　　　　手部护理产品

卸甲产品：卸甲产品一般有两种，分别为卸甲包和卸甲水。卸甲包的特点是方便、快速、干净，主要用于甲油胶的卸除；而卸甲水一般用于各类延长甲、光疗甲、水晶甲的卸除，并且卸甲水必须要和锡箔纸同时使用。

一次性卸甲包　　　　　　　　　卸甲水　　　　　　　　　锡箔纸

美甲平衡液：又称干燥剂，其产品材质呈水状，作用是增加甲油胶、光疗胶的附着力，防止胶体脱落，平整甲面，去除多余油脂和水分。

蜡：用于美甲的基础护理——抛光打蜡。在将指甲抛光后，涂抹一点点蜡，可以使指甲的光泽度更持久。涂抹完蜡后不需要再做任何项目。

美甲平衡液　　　　　　　　蜡

◎ 美甲胶类产品

美甲胶类产品的使用是整个美甲过程中的重要环节。美甲胶类产品的色彩丰富，种类繁多，一般可分为底胶、甲油胶、封层胶、光疗胶、琉璃胶、雕花胶。需要注意的是，所有胶类产品都必须照灯才能固化。

底胶：也称结合剂，用在涂干燥剂之后、涂甲油胶之前，其作用是使自然指甲与假指甲紧密贴合。

甲油胶：市场上的甲油胶种类很多，亚光类甲油胶颜色丰富，易造型，适合各个年龄段的人群使用；珠光类甲油胶含有颗粒，有较强的时尚感。特殊类甲油胶比较多，如温变甲油，它会随着温度的变化而变化；荧光甲油，夜晚时会发光、发亮。具体使用哪种甲油胶可以根据顾客的选择而定。

封层胶：封层胶的作用是保护甲油胶，使甲面更加光泽持久。封层胶主要分为免洗封层胶与擦洗封层胶两种。免洗封层胶在照灯后不用清洗，而擦洗封层胶在照灯后需用清洁啫喱水清洗，否则甲面就会有浮胶。

底胶　　　　　　　　　甲油胶　　　　　　　　　封层胶

光疗胶： 用于光疗甲的制作，其颜色丰富，款式众多，容易造型。主要分为亚光和珠光两种类型，具体使用哪种可以根据顾客的需求进行选择。

琉璃胶： 用于琉璃甲的制作，此胶颜色丰富，款式众多，容易造型，但它的流动性比较大。

雕花胶： 用于雕花甲的制作，此胶为固体状，易造型，无味道，使用后需要照灯。该产品深受美甲师喜爱。

光疗胶

雕花胶

琉璃胶

◎ 延长类产品

此类产品主要用于延长指甲，分为甲片延长和纸托延长两种类型。

甲片延长产品： 分为全贴、半贴、法式贴，甲片不同，操作流程也不同。其材质一般以聚乙烯为主。

全贴：透明色，无微笑线，其甲面均匀。

半贴：甲片多为透明色，但是比全贴的甲片长，而且有明显的微笑线。

法式贴：用于法式甲的制作，甲片的颜色为白色。

纸托延长产品： 用于光疗甲和水晶甲的制作。

全贴

半贴

◎ 水晶类产品

水晶类产品分为两种：一种是水晶粉，另一种是水晶液。

水晶粉： 分为白色水晶粉和透明水晶粉。白色水晶粉用于法式指甲和雕花甲的制作；透明水晶粉用于制作延长甲，以及保护指甲。

水晶液： 用于制作水晶甲时稀释水晶粉，气味比较浓烈，在使用的过程中必须戴上口罩。未用完的水晶液必须放于水晶杯内，用杯盖盖住以防止挥发。

法式贴

纸托

水晶粉

水晶液

◎ 彩绘类产品

彩绘类产品主要有丙烯颜料和彩绘胶两种，用于在甲片上绘制图案。

丙烯颜料：用美甲小笔直接描绘即可。建议到专业美甲店购买该产品。

彩绘胶：易流动，在使用过程中要注意取量适中，并且在使用后必须照灯。

丙烯颜料　　　　　　　　　彩绘胶

2. 专业美甲工具分类

◎ 清洁类工具

清洁工具主要有粉尘刷、棉片和口罩。

粉尘刷：用于清洁指甲上的粉尘，其毛质一定要非常柔软，这样才不易伤害皮肤。

棉片：用于擦拭指甲表面的粉尘及浮胶，一般可以选择薄的美甲棉片或化妆棉片。

口罩：用于美甲操作时保护美甲师的安全。最好选用纯色口罩，较能体现专业感。

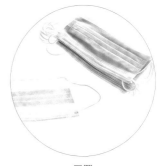

粉尘刷　　　　　　　　　　　棉片　　　　　　　　　　　口罩

◎ 修剪类工具

修剪类工具主要有死皮剪、死皮推和一字剪，主要用于清除甲沟处的死皮。

死皮剪：用于修剪死皮。在挑选的过程中要观察死皮剪的尖头部分，不能太粗糙，而且剪口要锋利，方便修剪。

死皮推：又名钢推，用于清除甲面的死皮。购买钢推时选择推口边缘整齐且锋利的。

一字剪：只能用于修剪各种人造甲片，不能修剪本甲。

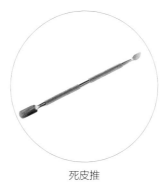

死皮剪　　　　　　　　　　死皮推　　　　　　　　　　一字剪

◎ 基础护理类工具

基础护理类工具主要有蜡抛、锉条、海绵抛和抛光条。

蜡抛： 用于将蜡涂抹均匀。

锉条： 又名打磨条，用于指甲的修形及打磨。有厚薄之分，薄的不易伤甲，适合本甲使用，厚的适合打磨假指甲。无论哪种锉条，在使用一段时间后都需要更换新的。

海绵抛： 有两面，粗糙面用于打磨甲面，让其产生刻痕，以便指甲黏合得更牢固，平滑面则用于减少刻痕。一般有长短之分，建议选择较长的，操作起来会比较方便。

抛光条： 用于指甲的抛光。抛光条有两面，一面为绿色一面为白色。先使用绿色面打磨指甲使甲面更加光滑，再用白色面抛光使指甲更亮。

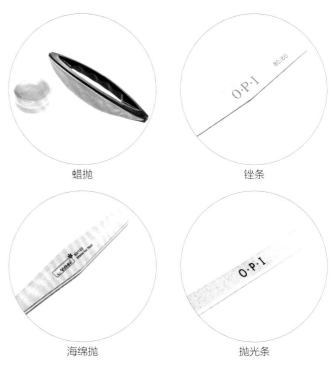

蜡抛　　　　　　　　　锉条

海绵抛　　　　　　　　抛光条

◎ 特殊类工具

特殊类工具主要有美甲工具箱、美甲灯、镊子、水晶杯、塑形钳、美甲饰品等。

美甲工具箱： 用于放置美甲产品及工具，建议选用容量较大的，可以容纳更多的美甲产品。

美甲灯： 又名光疗灯，专门用于美甲工序中烘干光疗胶，多用于美甲沙龙。如今常用的是LED灯，因为它小巧、方便、高效。

镊子： 一般分为直的和弯的两种，其作用是方便夹取各种装饰品。

工具箱　　　　　　　　美甲灯　　　　　　　　镊子

水晶杯： 用于分装各种美甲液体，以玻璃材质为主。

塑形钳： 用于光疗甲、水晶甲、琉璃甲延长时的形状的塑造。

美甲饰品： 种类非常多，常见的有钻、贴纸和钢珠等，美甲师可以根据美甲造型的需要选择适合的饰品作为辅助。

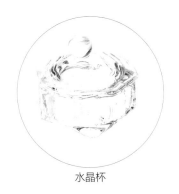

水晶杯

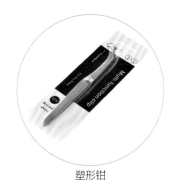

塑形钳

美甲饰品

◎ 美甲笔类工具

美甲笔主要有雕花笔、排笔、光疗笔、小笔、水晶笔、点钻笔和拉线笔，其作用是制作不同的美甲款式。

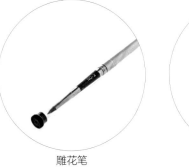

雕花笔

排笔

雕花笔：用于制作水晶平面雕花和立体雕花，用后必须马上清洗，注意在清洗时只能使用水晶液，不能使用清洗啫喱水。

排笔：用于美甲彩绘，一般配合丙烯颜料使用，用清水清洗即可。

光疗笔：用于光疗甲的制作，用清洗啫喱水清洗。

小笔：用于美甲彩绘和甲油胶款式的制作，用清洗啫喱水清洗小笔。

水晶笔：用于水晶甲的制作，使用后直接用水晶液清洗。

光疗笔

小笔

水晶笔

点钻笔：用于美甲钻的粘贴。

拉线笔：用于美甲彩绘线条的制作。笔毛不能分叉，使用后用清洗啫喱水清洗。

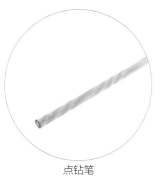

点钻笔

拉线笔

二、指甲的结构

1. 指甲的构造

指甲是人体重要的组成部分之一，它的主要成分是角蛋白和蛋白质。指甲不但可以保护手，而且经过专业美甲师的修饰、造型，它还能使手部显得纤长、漂亮，增加女性的魅力。

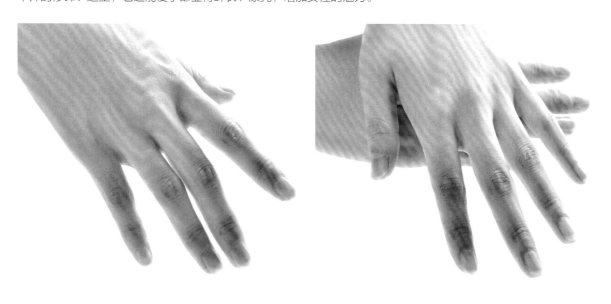

2. 指甲的组成

指甲主要由3大部分组成：指甲尖（指甲前缘）、甲盖（甲体）、甲基。

指甲可细分为10个部分。

指甲前缘：也叫指甲尖，是指甲面从甲床分离的部分。由于下方没有甲床的支撑而缺乏水分及油分，所以容易开裂。

指芯：是指甲尖下的薄层皮肤。

游离缘：也叫微笑线，是位于甲体和甲床之间的边缘线。

甲体：也叫甲盖，是一般被称作"指甲"的部分，由位于指甲根部的甲基生成。

甲床：支撑指甲皮肤的组织，与指甲紧密相连，供给指甲水分。甲床的下方血管密布，使指甲呈粉红色。

甲沟：即指甲的"外框"，如果皮肤太干燥，就容易长出肉刺。

甲弧影：也叫半月区，是位于指甲根部白色的半月形的部分。

指皮：即"软皮"，其功能在于保护柔软的指甲。

甲根：位于指甲的根部，在甲基的前面，质地极为软薄。其作用类似农作物的根茎。

甲基：位于指甲的根部，含有毛细血管、淋巴管和神经。其作用类似于土壤。甲基是指甲生长的源泉，当甲基受损时，指甲就会停止生长或畸形生长。

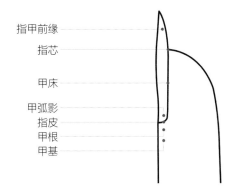

指甲前缘
指芯
甲床
甲弧影
指皮
甲根
甲基

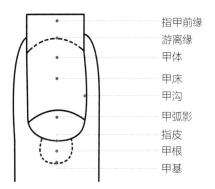

指甲前缘
游离缘
甲体
甲床
甲沟
甲弧影
指皮
甲根
甲基

三、不同甲形的介绍及修饰方法

1. 甲形的介绍

每个人的指甲形状都不一样，是与生俱来且无法改变的，同一只手的不同手指的指甲形状也是不一样的。为了便于读者了解指甲形状，这里将其归纳为以下5种。

◎ 方形指甲

方形指甲是比较时尚的甲形，因为受力比较均匀，不易断裂，所以深受大众人群尤其是白领女性的喜爱，方形指甲也比较适合趾甲的修形。

◎ 方圆形指甲

方圆形指甲和方形指甲类似，但方圆形指甲的指尖的位置呈圆弧状。方圆形指甲耐磨，不易断裂，很适合手指细长的人，趾甲也比较适合采用方圆形。

◎ 尖形指甲

尖形指甲是一款非常有个性的甲形，但由于与自然指甲的接触面积小，易断裂，所以指甲薄的亚洲人不适合尖形指甲。但现在很多美甲师在做水晶甲或光疗甲的时候还是会将指甲修成尖形。

◎ 圆形指甲

圆形指甲对手的要求比较高，这种指甲适合手形比较长的顾客。一般为男士修指甲也会采用圆形。

◎ 椭圆形指甲

椭圆形指甲是比较传统的指甲形状，适合手指较粗、手较胖的人群。

2. 甲形的修饰方法

掌握正确的指甲外形的修饰方法，可以使指甲保持健康。同时，将指甲修剪出完美的形状，可以弥补手指的缺陷，使双手更具魅力。

◎ 方形指甲的修饰方法

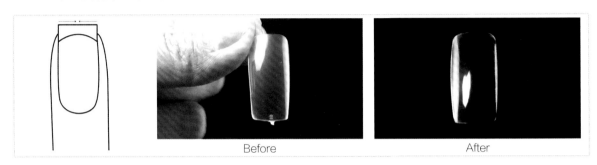

使用美甲修形锉条对指甲进行修整。平握锉条，使锉条的打磨面与指甲前缘约呈90°角。先平直打磨指甲前缘的两侧，再横向打磨指甲的前端。

◎ 方圆形指甲的修饰方法

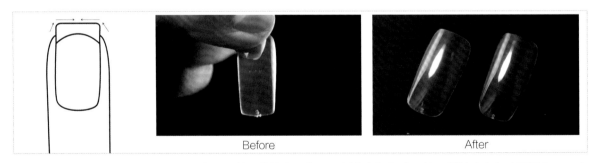

平握美甲修形锉条，打磨出方形指甲。然后将锉条沿指甲两侧向中间打磨，将两侧的尖角打磨圆滑即可。在打磨时注意两边要对称。

◎ 圆形指甲的修饰方法

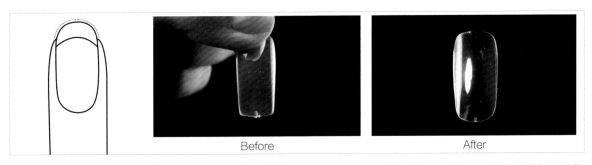

平握美甲修形锉条，使锉条的打磨面与指甲前缘约呈60°角。然后由微笑线的两端0.2厘米的距离起，沿指甲前缘从两侧向中间按圆形曲线的轨迹修磨，直至指甲变得圆润、光滑。

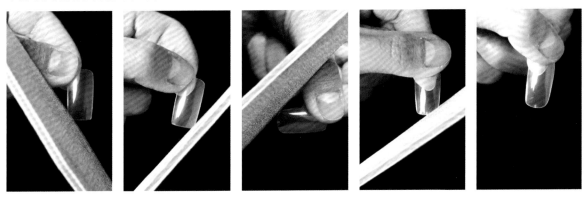

◎ 椭圆形指甲的修饰方法

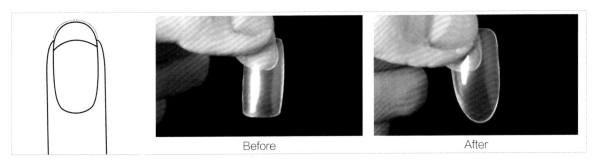

平握美甲修形锉条，使锉条的打磨面与指甲前缘约呈60°角。然后由微笑线的两端0.2厘米的距离起，沿指甲前缘从两侧向中间按椭圆形曲线的轨迹修磨，直至指甲变得圆润、光滑。

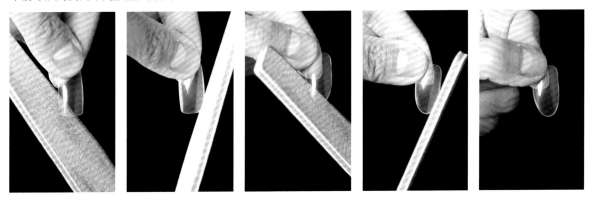

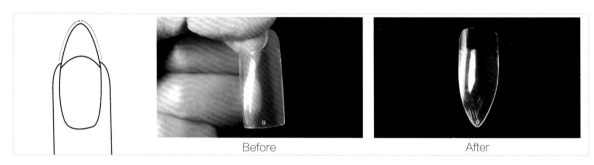

| Before | After |

平握美甲修形锉条，使锉条的打磨面与指甲前缘约呈60°角。然后由微笑线的两端0.2厘米的距离起，沿指甲的前缘从两侧向中间按曲线的轨迹修磨成尖形。

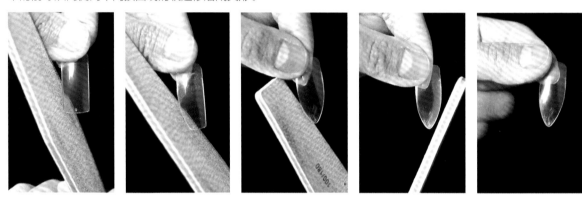

四、指甲的基础护理

基础护理是美甲过程中必不可少的一个项目。

1. 指甲的健康与病变

在进行基础护理之前，应该对指甲的健康与病变情况有所了解。

健康指甲的表面圆润、饱满、光滑、亮泽。指甲本身呈半透明状，当有充足的血液供应时，由于透出了甲床的毛细血管的颜色而呈粉红色。指甲每月生长3毫米左右，新陈代谢期为半年。生长速度随季节发生变化，一般夏季生长速度较快，冬季较缓慢。

指甲的病变往往是由于缺乏营养或身体的其他潜在疾病造成的，以下指甲反映的身体情况仅供参考，具体病因以医院诊断为准。

身体缺乏蛋白质、叶酸、维生素C时，指甲旁会出现肉刺。

身体缺乏维生素A和钙会使指甲干燥、易裂。

身体缺乏维生素B会使指甲脆弱，并出现纵横的突脊。

身体缺锌是导致指甲表面出现小白点的一个原因。

2. 基础护理步骤

准备材料

酒精（75%）、粉尘刷、锉条、死皮剪、死皮推、营养油、死皮软化剂、棉片和清洁棒。

操作重点

① 基础工具的运用。

② 标准指甲形状的掌握。

③ 专业知识的学习以及指甲护理方法的掌握。

注意事项

在使用死皮剪和死皮推时，谨防操作不当伤害到顾客的皮肤。

特殊材料介绍

死皮软化剂：用于软化甲沟处硬化的死皮，因其效果较好，所以不宜涂抹太多。

营养油：营养油的作用是为指甲边缘的皮肤补充营养和水分，减少死皮和倒刺的再生，在美甲结束后都会使用。

死皮剪：死皮剪非常锋利，所以在使用的过程中必须严格按照正确的手法和流程来操作。

Before

After

操作流程

01 清洁自己和顾客的双手，并用酒精对死皮剪和死皮推进行消毒，然后用干净的棉片将死皮剪和死皮推擦拭干净。

02 根据顾客的甲形将其修饰出标准的形状。在修饰形状时注意锉条的持握方式，不要划伤皮肤。

03 在修完形状后，手部会有残留的粉尘，可以用粉尘刷将其清扫掉。

04 在甲沟处涂抹死皮软化剂。注意死皮软化剂不能涂在甲面上，否则会造成甲面软化。涂抹后需等待3~5分钟，如果嫌等待的时间太长，可以将指甲放于温水中浸泡，以加快死皮软化的速度。

05 使死皮推与甲面约呈45°角，把甲面上的死皮推向甲沟。在推甲面时需注意死皮推的握法：将大拇指和食指放于死皮推的前端，用这两个手指的力道向前推起死皮。

06 用死皮剪以微倾的角度剪掉推出来的死皮。注意在剪的过程中一定不要剪到顾客的皮肤，可以从甲沟的一边开始慢慢修剪至一边。

07 剪完后用粉尘刷再次将指甲上的死皮清理干净，然后涂上营养油，进行甲沟按摩。

08 用尖头棉签清洁指芯。用带棉花的尖头清洁不容易伤害指芯。

3. 甲面抛光打蜡

准备材料

酒精（75%）、粉尘刷、锉条、海绵抛、抛光条、蜡、蜡抛、死皮剪、死皮推、营养油、死皮软化剂、棉片和清洁棒。

注意事项

① 正确使用基础美甲工具。

② 在使用海绵抛时一定要将指甲打磨到位，再用抛光条抛光，使指甲看起来清晰、干净。

③ 蜡的用量不宜过多，取量要适中。

特殊材料介绍

美甲专用蜡：用于涂抹在抛光后的甲面上，在指甲抛光后打蜡可以使指甲的光泽度保持得更久，但取量一定要适中。

操作流程

01 清洁自己和顾客的双手，并用酒精对死皮剪和死皮推进行消毒。

02 根据顾客的甲形为其修饰出合适的形状。

03 用粉尘刷扫掉顾客手上多余的粉尘。

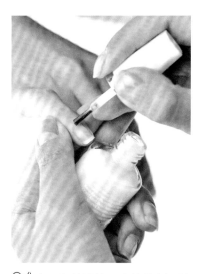

04 在甲沟处涂抹死皮软化剂，涂完后等待3~5分钟即可。注意死皮软化剂不能涂在甲面上，否则会造成甲面软化。

05 使死皮推与甲面约呈45°角，把甲面上的死皮推向甲沟。

06 用死皮剪以微倾的角度剪掉推出来的死皮，注意在剪的过程中一定不要剪到顾客的皮肤。

07 用海绵抛轻轻地打磨指甲表面，注意一定要打磨均匀，而且每个部位都要打磨到位，包括指甲的边缘位置。否则，打磨后的甲面会有刻痕。海绵抛的持握手法：大拇指和食指均位于海绵抛的中端至末端，呈八字形持握。

08 用抛光条的绿色面对甲面进行打磨，直到将海绵抛留在甲面上的刻痕全部打磨至光滑，没有任何刻痕。然后用白色面对指甲进行抛光，抛到甲面发亮即可。注意打磨和抛光时，要将指甲的每一个部位打磨均匀。

09 将蜡涂抹在指甲表面，用蜡抛给指甲打蜡。蜡的取量不宜过多，否则甲面会被雾化，从而缺少光泽。建议使用牙签取绿豆大小的蜡即可。

10 打蜡完毕后在甲沟处涂抹营养油，然后进行甲沟按摩。注意在涂营养油时不要碰到指甲表面，如果碰到甲面可用棉片来擦拭。

11 用尖头棉签清洁指芯。

03

甲油胶的基础知识与造型

一、甲油胶的基础知识

1. 甲油胶的概念和特点

  甲油胶是当今美甲行业中比较时尚的一款美甲产品，早期被称为QQ甲油、HAPPY胶等。它具有胶的光泽和油的色彩，其原料取自于天然树脂。和一般甲油相比，甲油胶无刺激性气味，无毒，具有健康和安全的特性。并且它比普通甲油更具有耐久性，更易操作，在美甲图案的设计上也更方便及多样化。刷上甲油胶后，只需照灯1分钟左右就能完全干透，不用等它慢慢变干，还生怕一不小心碰坏了而前功尽弃。

  甲油胶的包装跟传统指甲油的包装类似，都自带刷子，可以直接涂抹。但因为甲油胶照灯会固化，所以甲油胶的瓶身外面必须喷漆，以防止透光。

2. 甲油胶和指甲油的区别

甲油胶和指甲油的相同点是颜色鲜艳、丰富，光泽度高，涂抹方便。它们的不同点主要体现在以下几个方面。

◎ 材料和气味

甲油胶的原料取自于天然树脂，对人体无毒害，相对而言更环保。

指甲油的原料是化工合成物，且刺激性气味浓，对人体的健康不利，不宜过多使用。

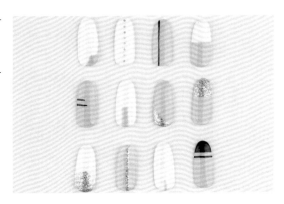

◎ 持久度

甲油胶一般能保持15~20天，甚至能达到一个月，这跟涂抹技巧和材质有很大关系。

指甲油能保持的时间较短，刚涂抹好的指甲油在接触水时就可能会起翘、剥离。

◎ 物理反应

甲油胶需要光疗灯的照射才会固化。

而指甲油随时可涂抹使用，无须用灯照射，自然风干即可。

◎ 涂抹手法

甲油胶是胶类，无论在甲面涂抹多少层都不会在接触空气时产生固化。

因指甲油的特性，如果美甲师操作手法不当或是对时间的把控不到位，比如第一层甲油还处于半凝固状态就开始刷第二层甲油，那么整个甲面就会花掉。

二、选择甲油胶的方法

1. 判断甲油胶的好坏

◎ 测黏稠度

好的甲油胶黏稠度较高。可以通过测试来评判，拧开瓶盖用刷头蘸取饱满的甲油胶，观察刷头的甲油胶是否呈水滴状聚拢且缓慢滴落。如果甲油胶太稀，那么取胶时就容易滑落且上色不均匀。

◎ 看刷头

是否能涂好甲油胶，刷头起着很大的作用。如果刷头的毛质粗糙、参差不齐，不仅会妨碍美甲师的操作，还会影响到甲油胶的整体美观度。好的刷头材质精细，刷头平整，软硬适中。建议美甲师在挑选甲油胶的时候，先看刷头。

◎ 试持久度

在挑选甲油胶时可以先买一瓶试用，观察持久度，从而判断出甲油胶的质量。

◎ 看光泽度

质量不好的甲油胶的质地稀、薄、透，取量不均且上色困难，像打了亚光一样，暗淡、无光泽。这样的甲油胶做出来的成品，质量也难以令人满意。光泽度的鉴定则需要肉眼辨识，检验一款甲油胶是否有光泽，要在甲面上试用，用紫外线灯照射使其固化，然后观看固化后的甲面颜色，即可判定甲油胶光泽度的好坏。

2. 选择合适的甲油胶

甲油胶的颜色不光要根据顾客的肤色来选择，还要考虑顾客的年龄。此外，美甲师还要具备色彩搭配、肤色搭配方面的知识，因为色彩搭配的好坏会直接影响到美甲的效果。

◎ 色彩的基础知识

三原色： 红、黄、蓝。除此之外的其他颜色都可以通过这三种颜色组合而成。

色彩的三要素： 也叫色彩的基本属性，是纯度、明度和色相。

色彩的色性： 色彩的冷暖倾向被称为色性。色彩的冷暖是指人通过视觉对色彩产生的直观感受，这种感受是人们在长期的生活经验中形成的结果。

三种暖色： 红、橙、黄。

三种冷色： 蓝、绿、紫。

中性色： 黑、白、灰、红紫、棕。

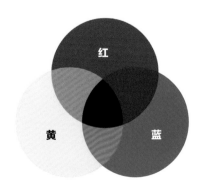

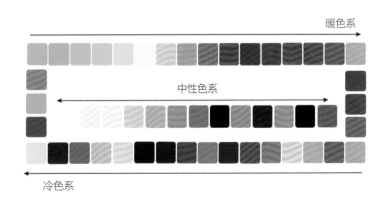

◎ 根据年龄选择合适的甲油胶颜色

20~35岁的女性大多有着成熟的风韵，为了衬托这种气质，美甲师应该为她们挑选亮白色、银色、金属紫色和玫瑰红色等颜色的甲油胶。同时还要做好服装颜色的搭配，这样会让顾客看起来很"有范儿"。

35岁以上的女性，气质多以端庄稳重为主，她们比较适合的甲油胶颜色是金色、浅黄色、红色、银灰色和紫色。这类颜色能够提升女性华贵的气质，同时搭配上端庄的衣服，会让人感觉非常典雅、奢华。经常出入社交场合的女性应尽可能地选择颜色鲜艳的甲油胶，这样在灯光的闪耀下，会变得更加美艳动人。

◎ 根据肤色选择合适的甲油胶颜色

手部肤色偏白：红润白皙的肤色是健康的体现，但是如果甲油胶颜色搭配不好便很容易给人浮肿的感觉。甲油胶的颜色可以选择浅色系，以此来平衡色彩，尤其是冷色调，会使指甲显得较为突出。

手部肤色偏黑：手部肌肤比较黑的顾客在选择甲油胶的颜色时，可以偏向珠光系或者亮色系。红色、金色和古铜色的甲油胶会使指甲看起来更有光泽。

手部肤色偏黄：手部肌肤偏黄的顾客在选择甲油胶的颜色时，可以偏向棕色系。在视觉上提高手部亮度是关键，切记一定要让指甲的颜色深于手部肤色。

三、甲油胶的基础涂抹方法

1. 单色甲油胶的涂抹方法

准备材料

酒精（75%）、粉尘刷、锉条、死皮剪、死皮推、海绵抛、营养油、死皮软化剂、棉片、清洁啫喱水、底胶、封层胶、甲油胶及干燥剂。

注意事项

① 注意甲油胶的正确涂抹方式。

② 甲油胶的涂抹层数不能太多，两遍即可。

③ 甲油胶的刷子要顺着甲面的方向，且以合适的角度、力度、速度和弧度涂抹，力度不要太大。

④ 指甲的后缘一定要刷出圆弧形，在整个甲面的一圈需留0.8毫米左右的留白。

操作流程

01 做好准备工作，对自己和顾客的双手进行消毒。

02 用75%的酒精对死皮剪和死皮推进行消毒。

03 根据顾客的手形、甲形，以及个人的喜好，修饰出适合顾客的标准甲形。修甲形时一般使用专业的美甲锉条，注意在修饰的过程中不能把顾客的皮肤磨伤，使用锉条时应避开皮肤。

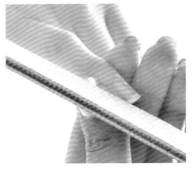 

04 在甲沟处涂抹适量的死皮软化剂，待死皮软化后，使死皮推与甲面约呈45°角，把甲面上的死皮推向甲沟，然后用死皮剪将死皮剪掉。

05 用海绵抛打磨甲面，使甲面粗糙增加附着力，然后用粉尘刷扫掉顾客手上多余的粉尘，接着用棉片蘸取清洁啫喱水，擦洗甲片上的粉尘。

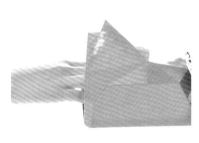

06 在整个甲面涂抹干燥剂，以增加附着力，让甲油胶黏合得更牢固。注意不要涂抹到皮肤上。此步骤不用照灯，等甲面干透后再进行下一步操作。

07 将底胶涂抹在甲面上，然后照灯60秒左右使其固化。注意底胶取量要适中，因为此胶具有流动性，在操作时容易流到甲沟处。若不慎流到甲沟处，在未照灯时就要用棉片擦拭干净，再进行照灯。

08 底胶固化后开始涂抹甲油胶。在涂抹甲油胶之前先用左手握住甲油胶瓶，然后用右手取出甲油刷，取时将刷头在瓶口轻轻刮一下，以便将多余的甲油胶刮至瓶中，这样就可以防止甲油胶在涂抹的过程中流到顾客的皮肤上。

09开始涂抹甲油胶。为了避免涂抹不均匀，建议在指尖上轻轻涂抹一笔甲油胶。美甲师在涂抹时为了防止手部发抖，可以将右手的小拇指放在左手的中指上，作为支撑点。

10从甲面中间开始将刷子倾斜45°左右，慢慢推动至离甲沟0.8毫米的位置，然后以直线快速拉回指尖。

11在离左侧甲沟0.8毫米的位置，将刷子置于中间，然后轻压刷头，将刷头压着甲面轻轻拉向指尖，注意压刷头时不能太过用力，否则容易涂抹到顾客的皮肤上。

12指甲的右侧采用同样的方法涂抹即可。

13用甲油胶的刷子沿指尖一圈进行涂抹封边，然后照灯60秒左右。

14采用同样的方法涂抹第二遍，使指甲的颜色更加饱满，然后照灯60秒左右。

15涂抹封层胶的方式和涂抹甲油胶的方式一致。涂抹完成后照灯两分钟，使其固化即可。

16在甲沟处涂上营养油，按摩至吸收。注意营养油千万不能涂抹到甲面上。

2. 渐变甲油胶的涂抹方法

准备材料

酒精（75%）、粉尘刷、锉条、死皮剪、死皮推、海绵抛、营养油、死皮软化剂、棉片、清洁啫喱水、底胶、封层胶、甲油胶、干燥剂和小笔。

注意事项

① 将甲油胶与封层胶按比例调和，整体过渡要均匀。

② 要晕染出层次感。

③ 甲面要干净、有层次感，颜色过渡要自然。

④ 熟练地掌握技法，达到有形无边的效果。

操作流程

从手的消毒到为指甲上底胶的方法与前面相同（见"单色甲油胶的涂抹方法"实例中的步骤01~07），这里就不再赘述。下面讲解为指甲上底胶后的操作方法。

01 涂抹完底胶并照灯固化后，在指尖前缘处刷上一层白色甲油胶，不用照灯。

02 用小笔蘸取底胶，从指尖处向相反的方向拉出渐变的效果。注意一定要使用底胶来拉，每拉一次需要将小笔清洗干净再开始下一次的操作。整体拉完后再照灯，使底胶固化。

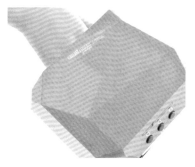

03 以同样的方法涂抹第二层底胶，使指甲的颜色更饱满。注意在操作时颜色过渡一定要自然，看起来不能太生硬。

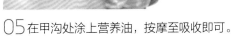

04 涂抹封层胶，并照灯固化。

05 在甲沟处涂上营养油，按摩至吸收即可。

四、基础甲油胶的造型方法

1. 波点甲油胶造型

准备材料

酒精（75%）、粉尘刷、锉条、死皮剪、死皮推、海绵抛、营养油、死皮软化剂、棉片、清洁啫喱水、底胶、封层胶、甲油胶、干燥剂和波点笔。

注意事项

① 波点的大小要基本一致。

② 颜色的搭配要协调，突出整体的造型感。

③ 甲面一定要干净。

④ 大头的波点笔比较好用，点的过程中可以将笔稍微转动几圈，这样画出来的波点更大、更饱满。

操作流程

　　从手的消毒到为指甲上底胶的方法与前面相同（见"单色甲油胶的涂抹方法"实例中的步骤01~07），这里就不再赘述。下面讲解为指甲上底胶后的操作方法。

01 为指甲涂上一层白色甲油胶作为底色。注意在涂甲油胶时要薄和均匀，并且在距离甲沟处留1毫米左右的距离。具体情况可以根据顾客指甲的大小而定，甲面小的距离可以小于1毫米，甲面大的距离可以大于1毫米。

02 以同样的方法涂抹第二层甲油胶，然后照灯固化，注意甲油胶不宜涂抹得太厚。

03 待第二层白色甲油胶固化后，在甲面涂抹薄薄的一层底胶，注意不用照灯。

04 用波点笔蘸取甲油胶，为指甲点上一排波点，波点的大小没有具体的限制，颜色也可以自由选择。如果需要使用多种颜色，可以将一种颜色涂完之后再涂第二种颜色。波点笔也有大小之分，所以在绘制大小不一样的波点时需要使用相对应的波点笔。

05 完成整个甲面的波点绘制后，照灯固化。

06 在整个甲面涂抹封层胶，然后照灯固化，接着将营养油涂抹到甲沟处，并按摩至吸收。

2. 豹纹甲油胶造型

准备材料

酒精（75%）、粉尘刷、锉条、死皮剪、死皮推、海绵抛、营养油、死皮软化剂、棉片、清洁啫喱水、底胶、封层胶、甲油胶、干燥剂、波点笔、小笔和彩绘胶。

注意事项

① 注意彩绘胶的正确使用方式。

② 豹纹颜色的搭配要协调，突出整体的造型感。

③ 在勾画豹纹斑点的时候，注意构图的位置和斑点的大小，不能太过整齐。

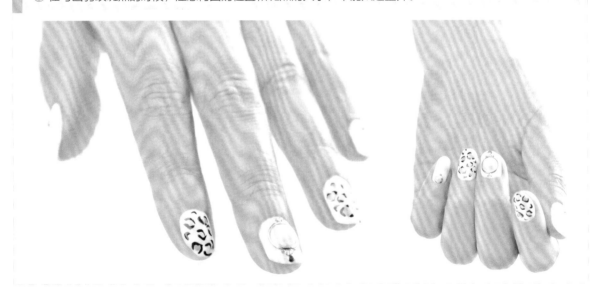

操作流程

　　从手的消毒到为指甲上底胶的方法与前面相同（见"单色甲油胶的涂抹方法"实例中的步骤01~07），这里就不再赘述。下面讲解为指甲上底胶后的操作方法。

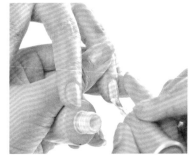

01 在甲面涂抹一层白色甲油胶作为底胶，然后照灯固化。可以根据顾客的喜爱选择合适的甲油胶颜色。

02 用同样的方法涂抹第二层甲油胶，然后照灯固化，这样颜色看起来更加饱满。

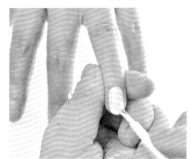

03 用波点笔分别蘸取蓝色、黄色和红色彩绘胶，在白色甲面上画出大小不一的色块，然后照灯固化。在勾画色块时，注意色块要大小不一，这样看起来才会更自然。

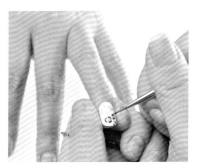

04 等到豹纹底色固化后，用小笔蘸取黑色彩绘胶，在色块的边缘画上豹纹斑点，然后照灯固化。注意在勾画斑点的时候，其朝向不要统一，也不要连在一起，这样才会更生动。

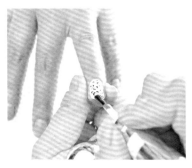

05 画完豹纹后，为其涂抹封层胶，然后照灯固化。涂抹封层胶的手法和涂抹甲油胶的手法一致。

06 封层胶固化后，在甲沟处涂抹营养油。注意不能涂抹到甲面上，可以沿甲沟涂抹一圈。然后用双手的大拇指按摩甲沟，直至营养油被皮肤全部吸收。

五、进阶甲油胶的造型方法

1. 经典法式甲油胶造型

准备材料

酒精（75%）、粉尘刷、锉条、死皮剪、死皮推、海绵抛、营养油、死皮软化剂、棉片、清洁啫喱水、底胶、封层胶、甲油胶、干燥剂和小笔。

注意事项

① 法式甲油胶造型的款式设计与色彩搭配要合理。

② 微笑线左右两点要对称，过渡要自然，不能太生硬。

操作流程

    从手的消毒到为指甲上底胶的方法与前面相同（见"单色甲油胶的涂抹方法"实例中的步骤01~07），这里就不再赘述。下面讲解为指甲上底胶后的操作方法。

01 在甲面涂抹一层粉色甲油胶作为底色，然后照灯固化。在涂甲油胶的时候要注意，用左手握住顾客的手指及甲油瓶，用右手握住刷头，并将右手的小拇指放在左手的中指处作为支撑点，这样可以防止涂抹甲油胶的时候因为手的颤抖而涂抹不均匀。待甲油胶干透后采用同样的方法再涂抹一层甲油胶，并照灯固化，这样会让颜色看起来更加饱满。

02 将白色甲油胶涂在指甲边缘至微笑线的位置，然后用刷头填充该区域，形成法式甲。在涂抹微笑线的时候，如果指甲太小不好用刷头涂抹，可以用小笔进行勾画，注意在勾画时要保持线条流畅，并且微笑线两边的位置高低要一致，接着照灯固化。

03 采用同样的方法再涂抹一次，使颜色看起来更加饱满。

04 在甲面涂抹封层胶，封层胶的涂抹手法和甲油胶的涂抹手法一致。注意不能涂抹到甲沟处和皮肤上，如果涂到皮肤上，应马上用清洁啫喱水清洗干净，再照灯固化。

05 沿甲沟涂抹营养油，然后按摩至全部吸收。

2. 反法式甲油胶造型

准备材料

酒精（75%）、粉尘刷、锉条、死皮剪、死皮推、海绵抛、营养油、死皮软化剂、棉片、竹签、清洁啫喱水、底胶、封层胶、甲油胶、干燥剂和小笔。

注意事项

① 反法式甲油胶造型的款式设计与色彩搭配要合理。

② 反法式甲油胶造型的线条要清晰流畅。

操作流程

　　从手的消毒到为指甲上底胶的方法与前面相同（见"单色甲油胶的涂抹方法"实例中的步骤01~07），这里就不再赘述。下面讲解为指甲上底胶后的操作方法。

01 在甲面涂抹一层粉色甲油胶，然后照灯固化。接着采用同样的方法涂抹第二层甲油胶，并照灯固化，这样会让颜色看起来更加饱满。注意涂抹甲油胶的时候不能涂抹到甲沟里。

02 用金色甲油胶在指甲末端的甲弧影处画出反法式造型。因为反法式造型的位置特殊，无法使用刷头绘画，所以需要使用小笔勾画出反法式造型的微笑线。在勾画微笑线的同时需要将微笑线里面的颜色填充饱满，然后照灯固化。

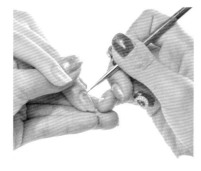

03 采用同样的方法进行第二次勾画，使其颜色更加饱满，然后照灯固化。使用小笔时将右手的小拇指放在左手的中指处，作为支撑点。

04 完成整个反法式造型后，需要在甲面涂抹一层薄薄的封层胶，然后照灯固化。

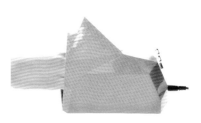

05 在甲沟处涂上营养油，然后按摩至吸收。涂抹营养油时不能涂到甲面上，否则会有雾状感，影响美观度。最后用竹签清洁指芯。

3. V法式甲油胶造型

操作流程

从手的消毒到为指甲上底胶的方法与前面相同（见"单色甲油胶的涂抹方法"实例中的步骤01~07），这里就不再赘述。下面讲解为指甲上底胶后的操作方法。

01 在整个甲面涂抹一层肉色甲油胶，并照灯固化，然后涂抹第二层甲油胶，再次照灯固化，让颜色看起来更加饱满。注意在涂抹甲油胶的时候不能涂抹到甲沟处。

02 两层底色甲油胶涂抹完后，用黑色甲油胶在指甲边缘勾画出∨形，然后照灯固化。在勾画∨形时注意两边的形状、大小要保持一致，边缘要保持干净，当刷头不好掌握时可用小笔进行涂抹。

03 采用同样的方法再涂抹一层∨形甲油胶，然后照灯固化，使颜色看上去更加饱满。

04 在整个甲面涂抹封层胶，然后照灯固化，接着在甲沟处涂抹营养油，并按摩至完全吸收。

4. 彩绘甲油胶造型

准备材料

酒精（75%）、粉尘刷、锉条、死皮剪、死皮推、海绵抛、营养油、软化剂、棉片、清洁啫喱水、底胶、封层胶、甲油胶、干燥剂、小笔和彩绘胶。

注意事项

① 注意彩绘胶的使用方式。

② 注意彩绘美甲的整体设计及搭配技巧。

③ 线条要干净、流畅。

④ 彩绘颜色要均匀，过渡要自然。

操作流程

从手的消毒到为指甲上底胶的方法与前面相同（见"单色甲油胶的涂抹方法"实例中的步骤01~07），这里就不再赘述。下面讲解为指甲上底胶后的操作方法。

01 在指尖到微笑线的位置涂上一层白色甲油胶，然后用小笔蘸取底胶，做出渐变效果，接着照灯固化。在制作渐变效果时要保持甲面干净，渐变处的过渡要自然，不能出现明显的交界线。如果颜色不饱满，可以采用同样的方法再涂抹一遍。

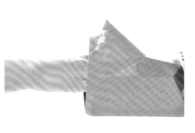

02 在甲面涂抹一层带散粉的甲油胶，然后照灯固化，此步骤可以让甲面看上去更加自然。因为甲油胶带有亮粉比较闪亮，所以一般涂抹一遍即可。

03 整个底色操作完成后，先用小笔蘸取蓝色彩绘胶，在指甲末端进行彩绘，然后照灯固化。在彩绘时注意花朵的大小和颜色的搭配要合理，线条要流畅。

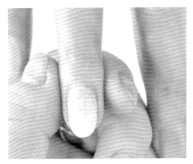

04 用小笔蘸取红色彩绘胶，在指尖处进行彩绘，然后照灯固化。注意所有彩绘胶都要涂抹两层才能使颜色更饱满。

05 待两种彩绘胶都照灯并固化后，用小笔蘸取黑色彩绘胶，进行勾边，勾边时注意边缘要干净，线条要流畅，然后照灯固化。

06 用黑色彩绘胶勾画出花蕊部分，并照灯固化。此步骤可以让整个花朵看上去更加生动、真实。

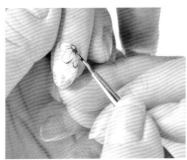

07 彩绘完成后在整个指甲表面涂抹一层封层胶，并照灯固化。

08 沿甲沟涂抹营养油，然后按摩至吸收，接着用竹签清洁指芯。

六、创意甲油胶的造型方法

1. 星空甲油胶造型

准备材料

酒精（75%）、粉尘刷、锉条、死皮剪、死皮推、海绵抛、营养油、死皮软化剂、棉片、清洁啫喱水、底胶、封层胶、甲油胶、干燥剂、小笔、波点笔、彩绘胶和星空纸。

注意事项

① 注意图案的布局。

② 颜色的搭配要协调，颜色的晕染要自然。

③ 勾画圆点和"十"字的时候，可以随意一些，不用太过整齐。

操作流程

从手的消毒到为指甲上底胶的方法与前面相同（见"单色甲油胶的涂抹方法"实例中的步骤01~07），这里就不再赘述。下面讲解为指甲上底胶后的操作方法。

01 在整个甲面涂抹一层黑色甲油胶，然后照灯固化。注意在涂抹的时候边缘位置要留出空隙。

02 采用同样方法涂抹一层黑色甲油胶并照灯固化，使颜色更加饱满。

03 在黑色甲油胶上涂抹一层蓝色甲油胶，将蓝色甲油胶涂抹在指尖和指甲根部位置。涂抹后不用照灯，然后在蓝色甲油胶的边缘涂抹白色甲油胶，接着用小笔将白色和蓝色甲油胶晕染在一起，最后照灯固化。注意在晕染两种颜色时，过渡要自然。建议采用同样的方法再操作一遍，会让颜色更加饱满。

04 用波点笔蘸取白色彩绘胶，在甲面上点出大小不同的波点，然后照灯固化。波点的颜色可以深浅不一，这样看上去更加生动、逼真。

05 用小笔蘸取白色彩绘胶，在甲面的空隙位置画出大小不一的"十"字，以呈现出星空的感觉。在画"十"字时注意排列方式，不能太过密集，绘制完成后照灯固化。在甲面涂抹一层封层胶，再次照灯固化。

06 在甲沟处涂抹营养油，并按摩至完全吸收，然后用竹签清洁指芯。

2. 格子甲油胶造型

准备材料

酒精（75%）、粉尘刷、锉条、死皮剪、死皮推、海绵抛、营养油、死皮软化剂、棉片、清洁啫喱水、底胶、封层胶、甲油胶、干燥剂、小笔和彩绘胶。

注意事项

① 甲面要干净、清晰。

② 颜色不宜过多。

③ 饰品的搭配要协调。

④ 在涂底色的时候，注意白色和红色的过渡要自然。

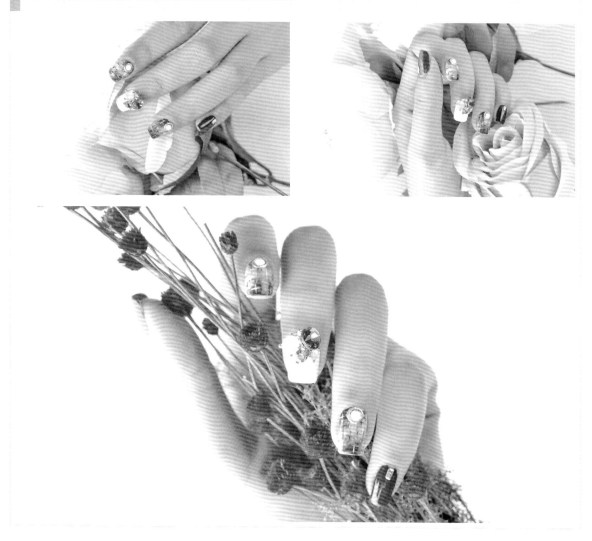

操作流程

　　从手的消毒到为指甲上底胶的方法与前面相同（见"单色甲油胶的涂抹方法"实例中的步骤01~07），这里就不再赘述。下面讲解为指甲上底胶后的操作方法。

01 在整个甲面涂抹一层白色甲油胶，并照灯固化，然后采用同样的方法再涂一层白色甲油胶，使颜色更加饱满。

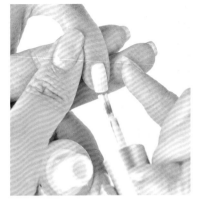
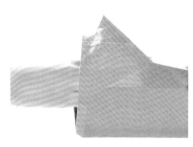

02 用小笔蘸取红色甲油胶，在指尖和甲弧影位置进行涂抹，注意涂抹的两块红色甲油胶的形状不能一致。

03 用小笔蘸取底胶，将两个不对称的红色甲油胶晕开，然后照灯固化。若想要颜色更加饱满，则需再涂抹一层。

04 依次用红色彩绘胶和白色彩绘胶在表面勾画出"十"字，然后照灯固化。注意"十"字要大小不一，另外，可以一层层地勾画。

05 整体完成后在甲面涂上封层胶，并照灯固化。

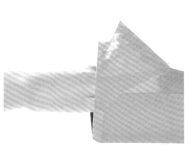

06 在甲沟处涂抹营养油，并按摩至完全吸收，然后用竹签清洁指芯。

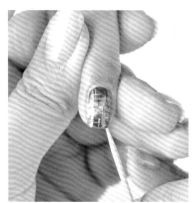

3. 大理石甲油胶造型

准备材料

酒精（75%）、粉尘刷、锉条、死皮剪、死皮推、海绵抛、营养油、死皮软化剂、棉片、清洁啫喱水、底胶、封层胶、甲油胶、干燥剂、小笔和彩绘胶。

注意事项

① 注意大理石纹路的晕染技巧。

② 对颜色的饱和度要把控好。

③ 过渡要自然。

④ 晕染的时候，一般的封层胶或者底胶都可以使用。

⑤ 必须用小笔才能描绘出大理石纹路。

⑥ 底胶的使用不能太多。

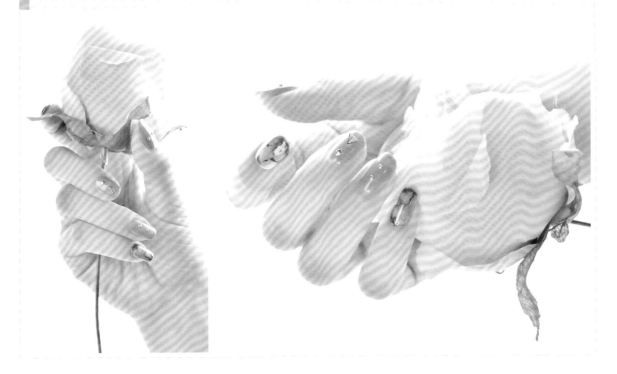

操作流程

从手的消毒到为指甲上底胶的方法与前面相同（见"单色甲油胶的涂抹方法"实例中的步骤01~07），这里就不再赘述。下面讲解为指甲上底胶后的操作方法。

01 在整个甲面涂抹一层天蓝色甲油胶，然后照灯固化。

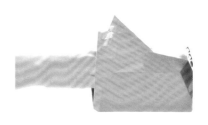

02 第一层甲油胶固化后，接着涂抹第二层天蓝色甲油胶，并照灯固化，使颜色更加饱满。

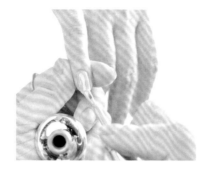 

03 用小笔蘸取黑色彩绘胶，先在甲面上画出大致的纹路，然后蘸取底胶，将纹路局部晕开，接着照灯固化。注意构图要美观，虚实对比要合理，大理石的纹理不宜过多，纹路的线条不宜过直。

04 重复晕染一次，可以使颜色更加饱满。在晕染的过程中小笔要随时清洗，上面不能有太多彩绘胶。

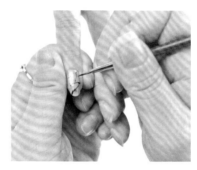 

05 大理石纹路完成后，在甲面涂抹封层胶，并照灯固化。

 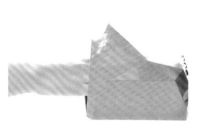

06 在甲沟处涂抹营养油，并按摩至完全吸收，然后用竹签清洁指芯。

04

特定甲油胶的基础知识与造型

一、特定甲油胶的基础知识

1. 认识特定甲油胶

特定甲油胶比普通甲油胶在美甲图案的设计上更加方便及多样化，并且简单易上手。不同甲油胶的特性不一样，操作后的效果也不一样。特定甲油胶可以做出更多风格和款式的美甲造型，因此深受大家的喜爱。

2. 特定甲油胶的分类

实色甲油胶：市面上比较多见的纯色甲油胶。

炫彩甲油胶：在纯色甲油胶里加入亮片。

夜光甲油胶：和普通甲油胶的涂抹方式一样，颜色也很丰富。唯一不同的是操作后的效果，此甲油胶在晚上会发光、发亮。

蛇纹甲油胶：需要专用的蛇纹甲油胶及底胶来操作。完成后整个指甲上像有很多气泡一样，图案大小不同。操作时间比普通甲油胶更久一点。

猫眼甲油胶：和纯色甲油胶的涂抹方式一样。操作完成后甲面会有一道光，像猫的眼睛，这道光可以横向也可以竖向，非常有趣。

温变甲油胶：完成美甲操作后的指甲颜色会随着温度的变化而变化。

金属甲油胶：完成美甲操作后的指甲具有金属的色泽，操作时需要使用专用的底胶和封层胶。

砂糖甲油胶：一般用于日式美甲中，整体效果甜美、可爱，和普通甲油胶的操作方式一样。因为此甲油胶含有砂石，所以称之为砂糖甲油胶。

皮草甲油胶：这种甲油胶中有类似皮草的材质，完成美甲操作后甲面很精致，具有皮草感，比较适合秋冬季节。操作方式和普通甲油胶一样。

二、手部特定甲油胶造型实例

1. 猫眼甲油胶造型

准备材料

酒精（75%）、粉尘刷、锉条、死皮剪、死皮推、海绵抛、营养油、死皮软化剂、棉片、清洁啫喱水、底胶、封层胶、甲油胶、干燥剂、猫眼胶和猫眼磁铁。

注意事项

① 颜色的搭配要协调、优美，突出整体的造型感。

② 保持甲面干净。

③ 甲油胶要涂抹均匀。

④ 颜色涂抹完成后，先用磁铁吸出光感再照灯固化。

⑤ 猫眼磁铁不能直接碰到甲面，要保持一定的距离。

操作流程

01 做好准备工作，对自己和顾客的双手进行消毒，然后对工具进行消毒，并用毛巾擦拭干净。

02 根据顾客的手形、甲形及喜好，修饰出常见的标准甲形。修甲形时一般使用专业的美甲锉条，如果顾客的指甲之前做过甲油胶，并且还有残留，需要先卸除本甲上的甲油胶，再进行修形。

03 把软化剂涂抹在甲沟处，待死皮软化后使死皮推与甲面约呈45°角，从甲面推向甲沟，然后用死皮剪将死皮剪掉。用温水泡手能加速死皮的软化。

04 用海绵抛或者锉条横向打磨甲面，使甲面粗糙以增加附着力，然后用粉尘刷扫掉多余的粉尘，接着用棉片蘸取清洁啫喱水，擦洗甲片上的粉尘。注意：如果顾客的指甲比较敏感，建议直接用海绵抛进行打磨；如果顾客的指甲厚薄正常，则可以用锉条进行打磨。

05 清洁完成后，以涂抹甲油胶的方式将干燥剂涂抹在整个甲面上，去除指甲上多余的水分和油分。

06 待指甲干燥后在整个甲面上涂抹底胶，并照灯1分钟。因为底胶的流动性较大，所以在涂抹底胶时一定要少量多次，避免流到甲沟处。

 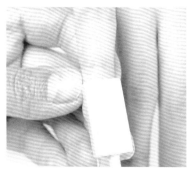 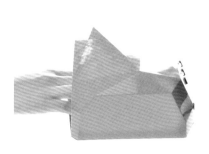

07 在本甲上涂抹一层金色猫眼胶，涂抹完成后直接用磁铁对着甲面吸出光感纹路。注意磁铁不能直接触碰到甲面，磁铁要距离甲面1厘米左右。用磁铁吸光时可以横向也可以竖向，具体方向可以根据顾客的需求而定。当看到甲面有猫眼石的感觉后再照灯固化。

  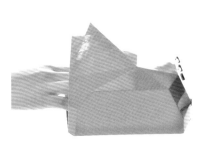

08 为了让颜色更加饱满，可以采用同样的方法再操作一遍。注意用磁铁吸光感纹路时，两遍的形状要一样。

09 在甲面涂抹封层胶，然后照灯固化。接着在甲沟处涂抹营养油，并按摩至全部吸收。

2. 星空贴纸甲油胶造型

准备材料

酒精（75%）、粉尘刷、锉条、死皮剪、死皮推、海绵抛、营养油、死皮软化剂、棉片、清洁啫喱水、底胶、封层胶、甲油胶、干燥剂、星空贴纸和加固胶。

注意事项

① 贴纸要灵活运用。

② 饰品的搭配要与整体效果相协调。

③ 如果贴纸粘贴不牢固，可以使用专业星空胶。

操作流程

从手的消毒到为指甲上底胶的方法与前面相同（见"猫眼甲油胶造型"实例中的步骤01~06），这里就不再赘述。下面讲解为指甲上底胶后的操作方法。

01 在甲面涂抹一层绿色甲油胶，并照灯固化。涂抹绿色甲油胶时在甲面边缘的位置留出1毫米左右的距离，使指甲看上去更加修长。在涂抹甲油胶时右手的小拇指要寻找支撑点，防止手抖而造成甲油胶涂抹不均匀。

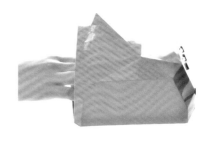

02 采用同样的方法涂抹第二层绿色甲油胶，然后照灯固化，让颜色更加饱满。

 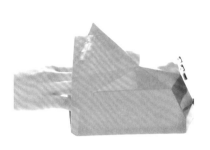

03 将红色和金色渐变的星空纸粘贴在绿色甲面上。在粘贴的过程中可以利用甲面上的浮胶直接粘贴，如果在粘贴前刷一层白色星空胶，会更加牢固。星空纸的粘贴可以在局部也可以在整个甲面，具体的款式可以根据顾客的需求而定。

04 星空纸粘贴完成后，在甲面上涂一层透明加固胶，防止星空纸起翘，涂抹后照灯固化。然后用手轻轻抚摸甲面，看看甲面是否平整，如果不平整，需要用海绵抛对甲面轻轻打磨，注意不能太过用力，否则易将星空纸打磨掉。

05 在指甲表面涂抹一层封层胶，然后照灯固化。

 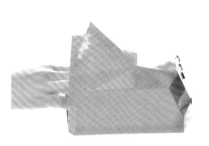

 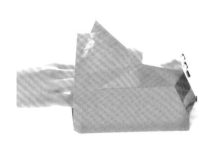

06 在甲沟处涂抹营养油，然后按摩至全部吸收。注意涂抹营养油时不能涂抹到甲面上。

3. 毛衣甲油胶造型

准备材料

酒精（75%）、粉尘刷、锉条、死皮剪、死皮推、海绵抛、营养油、死皮软化剂、棉片、清洁啫喱水、底胶、磨砂封层胶、甲油胶、干燥剂、小笔、浮雕胶和化妆海绵。

注意事项

① 线条要干净、流畅。

② 花纹的立体感要强。

③ 整体搭配要和谐，设计要时尚、精美。

④ 毛衣甲有独特的立体感，操作完成后建议涂抹一层磨砂封层胶。

操作流程

从手的消毒到为指甲上底胶的方法与前面相同（见"猫眼甲油胶造型"实例中的步骤01~06），这里就不再赘述。下面讲解为指甲上底胶后的操作方法。

01 底胶完成后在甲面上涂一层白色甲油胶，并照灯固化。

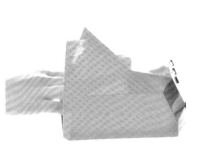

02 采用同样的方法再涂抹一层白色甲油胶，并照灯固化，使颜色更加饱满。

03 用化妆海绵蘸取粉色甲油胶，然后以点按的方式在甲面上做出渐变的效果。注意海绵不宜过大，取胶也不宜过多。

04 用小笔蘸取白色浮雕胶，在甲面上画出细致的线条，然后照灯固化。为了使甲面更有立体感，可以采用同样的方法再绘制一遍。

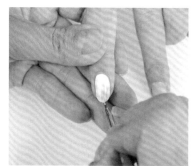

05 绘制出毛衣的纹路，并照灯固化，然后用小笔在指甲的边缘处点上白色的小点，再次照灯固化。因为浮雕胶比较黏稠，所以在使用的过程中一定要以少量多次的方式进行填补。注意保持小笔的干净，及时进行清洗。

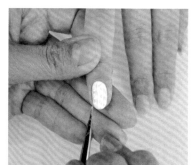

06 在甲面上涂抹磨砂封层胶，涂抹时要注意，尽量不要涂抹在已制作的毛衣纹路上。也可以先涂抹封层胶再制作毛衣甲。

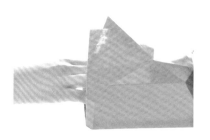

07 在甲沟处涂抹营养油，并按摩至完全吸收。

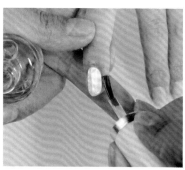

4. 皮草甲油胶造型

准备材料

酒精（75%）、粉尘刷、锉条、死皮剪、死皮推、海绵抛、营养油、死皮软化剂、棉片、清洁啫喱水、底胶、封层胶、甲油胶、干燥剂和皮草胶。

注意事项

因为皮草甲油胶的材质和纯色甲油胶一样，所以操作的手法也一样。不同之处在于整体设计的款式和饰品的搭配。

操作流程

从手的消毒到为指甲上底胶的方法与前面相同（见"猫眼甲油胶造型"实例中的步骤01~06），这里就不再赘述。下面讲解为指甲上底胶后的操作方法。

01 在整个甲面上涂一层皮草胶，然后照灯固化，注意在涂抹皮草胶的时候指甲边缘要处理干净，不要让胶流到皮肤上或者甲沟处。接着采用同样的方法涂抹第二层皮草胶，并照灯固化。

02 在甲面涂封层胶，并照灯固化。

03 在甲沟处涂抹营养油，然后按摩至完全吸收。

5. 魔镜粉甲油胶造型

准备材料

酒精（75%）、粉尘刷、锉条、死皮剪、死皮推、海绵抛、营养油、死皮软化剂、棉片、清洁啫喱水、底胶、封层胶、甲油胶、干燥剂和魔镜粉。

注意事项

① 在使用魔镜粉的过程中会有许多粉状物残留在皮肤上，在操作后一定要将粉末及时清理干净。

② 在使用魔镜粉之前要先在甲面上涂抹一层封层胶。

③ 甲沟处要清理干净，不能有残留的魔镜粉。

④ 操作前可以在甲沟处涂抹一层指缘油作为保护。

操作流程

从手的消毒到为指甲上底胶的方法与前面相同（见"猫眼甲油胶造型"实例中的步骤01~06），这里就不再赘述。下面讲解为指甲上底胶后的操作方法。

01 在整个甲面上涂抹一层黑色甲油胶，并照灯固化。注意涂抹黑色甲油时要保持甲面干净，并且涂抹要均匀。

02 采用同样的方法涂抹第二层黑色甲油胶，让颜色更加饱满，然后照灯固化。

03 在整个甲面上涂抹一层封层胶，然后照灯固化。涂抹封层胶是为了让魔镜粉更加有光泽。

 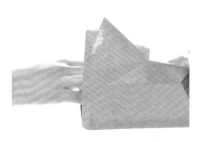

04 用刷头蘸取魔镜粉，均匀地涂抹在甲面上，然后用刷头在甲面上来回摩擦。擦拭的时候可以稍微用点儿力，这样会让魔镜粉呈现的效果更加明显，直至整个甲面出现干净的镜面效果。

 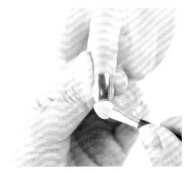

05 用粉尘刷将甲面上多余的魔镜粉清理干净，然后在甲面上涂抹一层封层胶，并照灯固化。

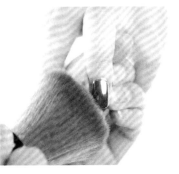 

06 在甲沟处涂抹营养油，并按摩至完全吸收。

6. 玻璃贴纸甲油胶造型

准备材料

酒精（75%）、粉尘刷、锉条、死皮剪、死皮推、海绵抛、营养油、死皮软化剂、棉片、清洁啫喱水、底胶、封层胶、甲油胶、干燥剂，小笔、玻璃贴纸和加固胶。

注意事项

① 玻璃贴纸在贴合的过程中需要使用加固胶进行加固，否则容易起翘。

② 需要将玻璃贴纸剪成合适的形状。

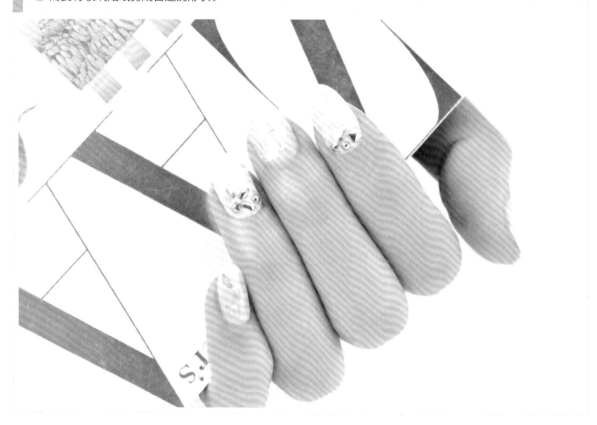

操作流程

从手的消毒到为指甲上底胶的方法与前面相同（见"猫眼甲油胶造型"实例中的步骤01~06），这里就不再赘述。下面讲解为指甲上底胶后的操作方法。

01 在整个甲面上涂一层乳白色的甲油胶，然后照灯固化。为了让颜色更加饱满，可以再涂抹一层。

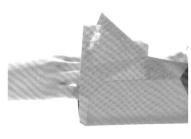

02将紫色玻璃贴纸剪成大小不一的三角形，然后在甲面上刷一层薄薄的加固胶或者光疗模型胶。因为加固胶和光疗模型胶比较黏稠，所以在不能刷太厚。另外，此操作后不能照灯。

03用小笔将剪好的玻璃贴纸粘贴到甲面上，并照灯固化。注意在粘贴的过程中不能太过密集，否则看上去不自然。

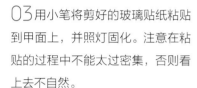
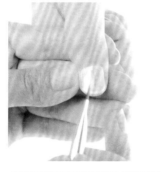
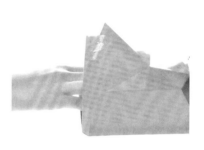

04粘贴完成后涂上一层薄薄的加固胶或者光疗模型胶，防止玻璃贴纸起翘，并照灯固化。固化后用手轻轻擦拭甲面，如有起翘部分可用海绵抛进行打磨，注意打磨时不能太过用力。

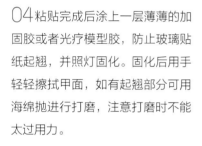

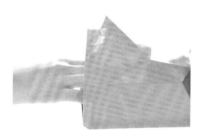

05用清洁棉片蘸取清洁啫喱水，将表面残留的浮胶擦掉，然后在甲面涂抹封层胶，并照灯固化。

06在甲沟处涂抹营养油，然后按摩至完全吸收。

三、足部特定甲油胶造型实例

1.3D贴线制作

准备材料

酒精（75%）、粉尘刷、锉条、死皮剪、死皮推、海绵抛、营养油、死皮软化剂、棉片、清洁啫喱水、底胶、封层胶、甲油胶、干燥剂、镊子、脚趾分趾器和加固胶。

注意事项

① 注意贴纸的正确使用方法。

② 注意颜色搭配方法与排版设计技巧。

③ 因为贴纸很容易脱落、起翘，所以在贴完后一定要用加固胶进行加固，然后擦拭甲面，检查是否有凸起部分，并进行适当打磨。

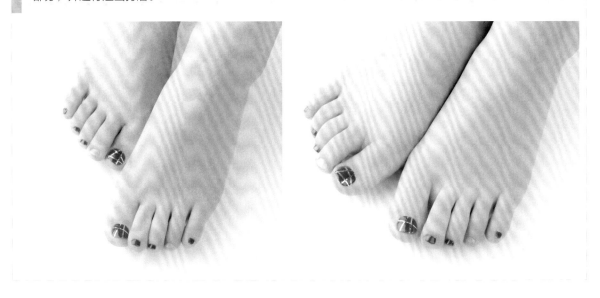

操作流程

01 对死皮推、死皮剪，以及自己的双手进行消毒。

02 根据顾客的甲形用美甲锉条修饰出常见的标准甲形，脚趾甲一般修饰成方形或圆形。

03 将软化剂涂抹在甲沟处，待其软化后，使死皮推与甲面约呈45°，角从甲面推向甲沟，然后用死皮剪将死皮剪掉。

04 用海绵抛打磨甲面，使甲面粗糙以增加附着力，然后用粉尘刷扫掉多余的粉尘，接着用棉片蘸取清洁啫喱水，擦洗甲片的粉尘。

05 将脚趾分趾器按到每个脚趾上，然后在整个甲面上涂抹干燥剂以增加附着力，让甲油胶贴合得更牢固。

06 将底胶涂抹在甲面上，然后照灯60秒左右，使底胶凝固。

07 涂抹一层红色甲油胶，然后照灯固化，接着采用同样的方法再涂一层，并照灯固化，使颜色更加饱满。

08 准备好金线，然后根据脚趾甲的大小进行修剪，可以比甲面稍微长一些，方便粘贴。

09 将剪好的金线贴于甲面，然后用钢推对金线进行按压，使金线贴合得更牢固。可以根据甲面绘制的不同颜色和形状随意搭配金线。

10 用剪刀将多余的金线剪掉。在修剪甲面金线时，甲沟处可以适当留点儿空隙，以便于贴合得更牢固。

11 在甲面涂抹加固胶进行加固，不能涂得太厚，完成后必须照灯1分钟使其固化。

12 在甲面上涂抹封层胶，然后照灯1分钟，接着在甲沟处涂抹营养油，并按摩甲沟至营养油完全吸收。

2. 时尚反法式造型

准备材料

酒精（75%）、粉尘刷、锉条、死皮剪、死皮推、海绵抛、营养油、死皮软化剂、棉片、清洁啫喱水、底胶、封层胶、甲油胶、干燥剂、镊子、小笔、彩钻、脚趾分趾器和加固胶。

注意事项

① 色彩搭配要合理，突出整体效果。

② 因为在脚趾甲上制作的反法式部位必须要小，所以在操作时需用小笔绘画。

③ 粘贴的饰品不宜太大。

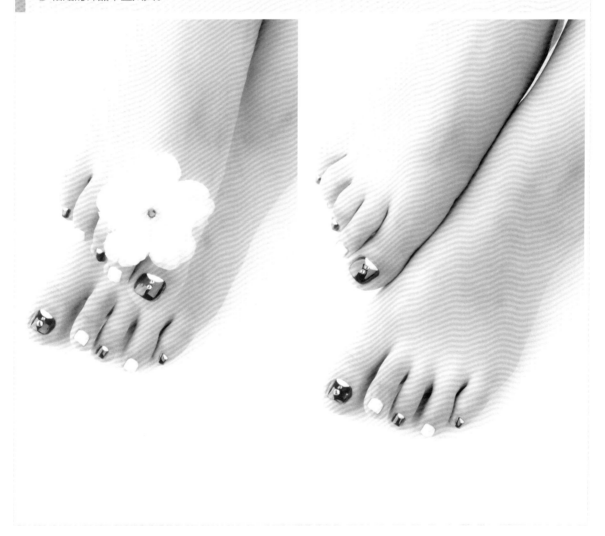

操作流程

从手的消毒到为指甲上底胶的方法与前面相同（见"3D贴线制作"实例中的步骤01~06），这里就不再赘述。下面讲解为指甲上底胶后的操作方法。

 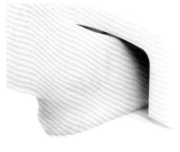 

01 在甲面涂抹一层红色甲油胶，然后照灯1分钟。接着采用同样的方法再涂抹一层，使颜色更加饱满。

02 用小笔在月牙处点上白色甲油胶，画出反法式效果，然后照灯固化。

03 用美甲钻石胶将饰品粘贴在甲面上。可以使用多种材料粘贴饰品，如美甲钻石胶、光疗模型胶、透明水晶粉，用胶类材质贴之后需要照灯，水晶粉自然风干即可。然后用小笔对饰品边缘位置封边。

04 在甲面上涂抹封层胶，并照灯固化。

 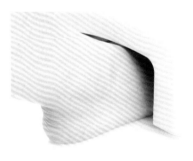

05 在甲沟处涂上营养油，然后按摩至完全吸收。

3. 时尚亮片造型

准备材料

酒精（75%）、粉尘刷、锉条、死皮剪、死皮推、海绵抛、营养油、死皮软化剂、棉片、清洁啫喱水、底胶、封层胶、甲油胶、干燥剂、镊子、小笔、彩钻、脚趾分趾器、加固胶和亮片。

注意事项

① 亮片容易起翘，需要用加固胶加固，再进行甲面打磨。

② 因为加固胶呈液体状，容易流动，所以在操作时需要以少量多次的方法涂抹。

③ 甲面的颜色要干净，涂抹要均匀。

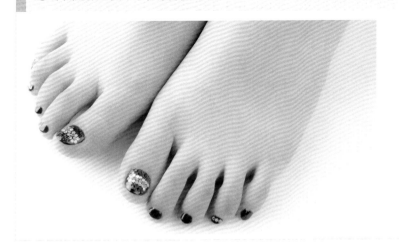 

操作流程

　　从手的消毒到为指甲上底胶的方法与前面相同（见"3D贴线制作"实例中的步骤01~06），这里就不再赘述。下面讲解为指甲上底胶后的操作方法。

01 在甲面涂抹一层黑色甲油胶，并照灯固化，然后采用同样的方法再涂抹一层，使颜色更加饱满。

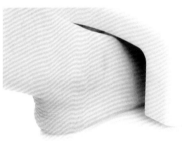 

02 在指甲表面涂抹一层薄薄的光疗延长胶，不用照灯，然后将亮片用小笔均匀地粘贴到甲面上。

03 第一排粘贴完成后，采用同样的方法粘贴第二排和第三排，不用照灯。

  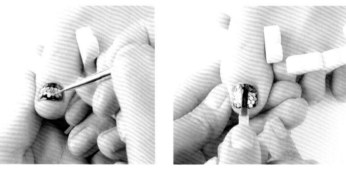

04 圆形亮片粘贴完成后，在剩余的甲面上粘贴透明色不规整亮片，然后照灯1分钟。

05 在甲面上涂抹一层加固胶，并照灯1分钟。

06 用海绵抛打磨甲面，注意不能打磨到亮片。

07 在甲面上涂抹封层胶，并照灯固化。

08 在甲沟处涂抹营养油，然后按摩至完全吸收。

4. 梦幻星空甲造型

准备材料

酒精（75%）、粉尘刷、锉条、死皮剪、死皮推、海绵抛、营养油、软化剂、棉片、清洁啫喱水、底胶、封层胶、甲油胶、干燥剂、星空纸、镊子、脚趾分趾器和加固胶。

注意事项

① 排版设计要合理，突出整体效果。

② 由于脚趾甲较小，在推剪死皮时不能伤到皮肤。

③ 在涂抹甲油胶时要保持趾甲边缘干净。

④ 用于脚部的基础护理工具，以及使用的底胶和干燥剂，都必须是单独的一套，不能和手部的工具、材料混用。

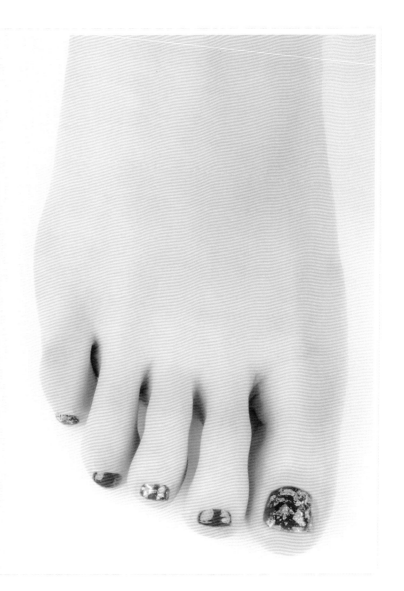

操作流程

　　从手的消毒到为指甲上底胶的方法与前面相同（见"3D贴线制作"实例中的步骤01~06），这里就不再赘述。下面讲解为指甲上底胶后的操作方法。

01 在甲面上涂抹一层蓝色甲油胶，并照灯固化，然后采用同样的方法再涂抹一层，使颜色更加饱满。

02 将星空纸随意粘贴在蓝色甲面上，并用镊子按压，防止起翘。

03 将加固胶涂抹在星空纸上，使星空纸粘贴得更加牢固，然后照灯1分钟。注意加固胶不能涂得太厚。接着涂抹封层胶，并照灯固化。

 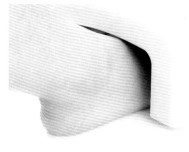

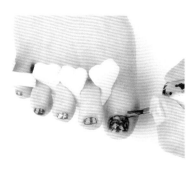 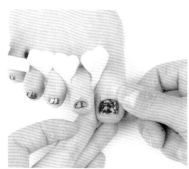 

04 在甲沟处涂营养油，并按摩至完全吸收。

05 造型完成后取掉脚趾分趾器。

05

贴片甲的基础知识与造型

一、贴片甲的基础知识

1. 贴片甲的概念

贴片甲是目前比较受欢迎的一种美甲工艺。主要用于制作丝绸指甲，也可与水晶粉或光疗凝胶结合使用，通过去除接痕、打磨、抛光等程序，可以制作出时尚、优美的指甲造型。贴片甲保持的时间不久，容易折断。

2. 认识贴片甲

延长指甲的方法主要分类为两种：一种是甲片延长，另一种是纸托延长。甲片延长包含全贴甲、半贴甲和法式贴片甲。纸托延长包含光疗延长甲、琉璃延长甲和水晶延长甲。甲片延长和纸托延长虽然操作方式不一样，但是延长后的效果相同。一般会根据顾客指甲的形状选择合适的延长方式。

市面上的甲片颜色和款式较多，容易混淆，那么如何区别每一款甲片呢？全贴甲和半贴甲常见的颜色有透明色、肉粉色和乳白色。全贴甲片没有任何痕迹，半贴甲片相比全贴甲片更长一些，甲面有明显的微笑线。法式贴片甲是最好区分的，颜色为白色，只做到指尖的位置，所以甲片看起来比较短。

市面上所有的甲片都有一个共同点，在指尖的位置有一个数字0~9，0号是最大号，9号是最小号。带号数的一边就是指尖的位置。

全贴甲　　　　　　　　　　　　半贴甲　　　　　　　　　　　　法式贴片甲

3. 贴片甲的优点

第1点：贴片甲能从视觉上改变手指形状，修饰手形，给人以修长感，从而弥补手形不美的遗憾。

第2点：贴片甲可以矫正甲形，保护薄软的自然指甲，避免自然指甲受到外界的刺激和伤害。

第3点：帮助喜欢啃咬指甲的人改变不良习惯。

第4点：贴片甲制作方便、快速、易上手。相比于做指托延长，可以节约大量时间。

二、贴片甲造型实例

1. 全贴甲造型

准备材料

酒精（75%）、粉尘刷、锉条、死皮剪、死皮推、海绵抛、营养油、死皮软化剂、棉片、清洁啫喱水、底胶、封层胶、甲油胶、干燥剂、全贴甲片、点钻笔、饰品和胶水。

注意事项

① 全贴甲的甲片要与整个指甲贴合，注意在粘贴时甲面不能有气泡，否则容易脱落。选择的甲片型号要与本甲的大小保持一致，遇到不一致的情况，需要及时更换或者修剪甲片。粘贴甲片时不能倾斜，需要和本甲的方向保持一致。

② 涂抹封层胶之前或者之后粘贴饰品都可以，具体情况可以根据饰品的样式而定。一般大一点儿的饰品最好是在涂抹封层胶之后粘贴，而小一点儿的饰品可以在涂抹封层胶之前粘贴，这样封层胶可以将饰品包裹，让饰品保留的时间更长。

③ 胶水的取量一定要适中，过多容易渗入甲沟，粘住手指皮肤，过少会粘不牢固。最佳的效果是将胶水均匀地刷到甲面上之后，不出现流动的胶水。

④ 甲片的型号要和本甲保持一致。甲片的号数位置为指尖部位，注意在粘贴时不能反。

操作流程

01 做好准备工作，对工具和双手进行消毒。

02 根据顾客的手形、甲形，以及个人喜好，修饰出常见的标准甲形，修饰甲形时一般使用专业的美甲锉条。

03 将软化剂涂抹在甲沟处，待死皮软化后，使死皮推与甲面约呈45°角，从甲面推向甲沟，然后用死皮剪将死皮剪掉。

04 用海绵抛或者锉条打磨甲面，使甲面粗糙以增加附着力，然后用粉尘刷扫掉多余的粉尘，接着用棉片蘸取清洁啫喱水，擦洗甲片粉尘。

05 在整个甲面上涂抹干燥剂，增加附着力，以便于甲油胶贴合得更牢固。

06 找出甲片与本甲进行对比。每个甲片都有数字，0~9号对应的是大拇指到小指的指甲，有号数的位置是指尖的位置。如果最大号至最小号甲片都不适合本甲，就需要修剪甲片，直至和本甲完全吻合。

07 取适量的胶水刷在甲片的凹陷面，拿甲片的时候一定要斜向下，否则胶水容易流到顾客手上。最好选择图中这种带刷头的胶水，不容易滴漏，刷出来的效果也比较均匀。刷胶水的位置要和本甲甲面的大小一致，胶水取量要适中。

08 将刷好胶水的甲片对准甲面，由根部往指尖轻轻按压，在操作时动作要快，不然中间部位容易起气泡，导致粘贴不牢固。粘贴的过程中甲片不要歪斜，要和本甲完全吻合。粘贴后用两手紧按甲片1分钟左右，再将手指放开。

09 甲片粘贴完成后，用一字剪进行修剪。修剪时用左手按压本甲，用右手进行修剪，修剪的长短可以根据顾客的需求而定。

10 修剪完成后用锉条打磨修形，然后用海绵抛对指甲边缘和甲面进行打磨。

11 擦掉表面粉尘，然后在甲面上涂抹一层底胶，并照灯固化。

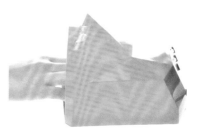

12 在甲面上涂抹一层蓝色甲油胶，并照灯固化。然后采用同样的方法涂抹第二层，使颜色更加饱满。

13 在甲面上涂抹一层封层胶，并照灯固化。

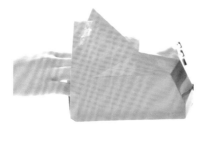

14 封层胶固化后在甲面贴上尖形铆钉。取一滴专业的饰品胶，放在需要粘贴的位置，然后用点钻笔将铆钉粘到甲面上，接着照灯固化。

15 在甲沟处涂抹营养油，然后按摩至完全吸收。

2. 半贴甲造型

准备材料

酒精（75%）、粉尘刷、锉条、死皮剪、死皮推、海绵抛、营养油、死皮软化剂、棉片、化妆海绵、清洁啫喱水、底胶、封层胶、甲油胶、干燥剂、半贴甲片、小笔、胶水和贴纸。

注意事项

① 一般半贴甲片贴于本甲的1/3处，如果本甲较小可贴于1/2处。

② 因为半贴甲片贴完后会和本甲有明显的交界线，所以需要打磨甲面，直至用手触摸甲面时感觉光滑、平整。

③ 在打磨半贴甲片时，不能磨到顾客的皮肤，也不能磨到本甲。

④ 胶水取量要适中。

操作流程

　　从手的消毒到为指甲上干燥剂的方法与前面相同（见"全贴甲造型"实例中的步骤01~05），这里就不再赘述。下面讲解为指甲上干燥剂后的操作方法。

01 选择大小合适的半贴甲片，然后取适量的胶水，涂抹在整个半贴甲片的微笑线以内。选择带刷头的胶水更加方便涂抹。

02 将涂抹胶水后的甲片粘贴在本甲的1/3处，即指甲的微笑线至指尖的位置，并按压1分钟左右。

03 待胶水干后用一字剪修剪指甲的长短，然后用锉条修形。

04 用锉条对甲片凸起的部分进行适当的打磨，注意避免磨到本甲。打磨的效果以整个指甲平整为佳。

05 因为打磨后甲面会有明显的刻痕，所以用海绵抛将所有刻痕磨平，然后用粉尘刷扫掉多余的粉尘。

06 在甲面上涂抹底胶，然后照灯固化。

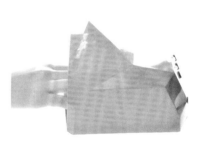

07 在甲面上涂抹蓝色甲油胶，并照灯固化。为了使颜色更饱满，可以采用同样的方法再涂抹一层。

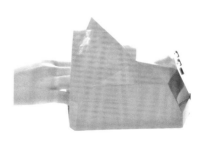

08 在化妆海绵上涂抹白色甲油胶，然后将白色甲油胶点按到蓝色甲油胶上，做出不规则的渐变效果，接着照灯固化。

09 用小笔蘸取彩绘胶，在甲面边缘绘制线条包边，可以采用虚线的形式绘制，然后照灯固化。

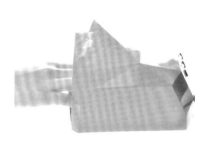

10 将英文贴纸贴于甲面适当的位置，可以随意造型。贴纸粘贴完成后一定要对表面进行按压，防止贴纸起翘。按压后在甲面上涂抹一层加固胶，并照灯固化。

11 在甲面上涂抹一层封层胶，并照灯固化。

12 在甲沟处涂抹营养油，然后按摩至完全吸收。

3. 法式水晶贴片甲造型

准备材料

酒精（75%）、粉尘刷、锉条、死皮剪、死皮推、营养油、死皮软化剂、棉片、清洁啫喱水、底胶、封层胶、透明水晶粉，水晶液、水晶杯、水晶笔、干燥剂、海绵抛、抛光条、法式贴片和胶水。

注意事项

① 水晶粉必须要和水晶液同时使用，先蘸取水晶液，再蘸取水晶粉。水晶粉容易干，在操作的过程中，手法要熟练，速度要快，取量要适中。

② 法式贴片甲的粘贴面积小，两边容易起翘，所以两边也要适当涂抹胶水。

③ 因为水晶粉会自动干燥，所以不需要照灯。在进行打磨时可以先检查水晶粉是否完全干透，检验的方法是用水晶笔在甲面上进行轻轻敲打，如果发出清脆的声音说明已经干透，可以开始下一步操作，如敲打时没有声音或者有明显的拉丝，说明整个甲面还未完全干透，此时需要再等待1分钟左右。

④ 如果胶水流入甲沟，需要马上用清洁啫喱水进行清洗。

⑤ 必须使用透明水晶粉。

操作流程

　　从手的消毒到为指甲上干燥剂的方法与前面相同（见"全贴甲造型"实例中的步骤01~05），这里就不再赘述。下面讲解为指甲上干燥剂后的操作方法。

01 选择大小合适的法式贴片甲，然后将胶水涂抹在整个甲片上，注意胶水的取量要适中。

02 将刷满胶水的法式贴片甲对准本甲的微笑线，由上往下粘贴。然后从中间向两边进行按压，按压的时间为1分钟左右，注意按压时胶水不能流到皮肤上，所以胶水的取量一定要适中。

03 按压后为了防止两边起翘可以用美甲镊子进行局部按压，主要是两侧边缘，然后直接将法式贴片甲指尖凸出的部分轻轻掰掉。

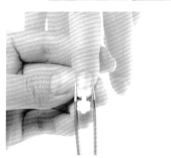

04 用锉条对指尖部分进行简单修饰，只需要将指尖位置凸出的部分稍微打磨即可。

05 取出透明水晶粉和水晶液，将水晶液倒入水晶杯中，然后用水晶笔先蘸取水晶液，再蘸取透明水晶粉，接着将透明水晶粉制作成圆球状，放于本甲上进行平铺。在用水晶笔蘸取水晶液时要适量。如果水晶液过多，水晶粉会太稀，不能成形；如果水晶液太少，水晶粉蘸不到笔上，也不能成形。当水晶粉整体变成透明色后即可开始下一步操作。

06 在操作的过程中要保证甲面平整、光滑，每个部位都需要铺上适量的水晶粉，注意不能涂抹到皮肤上。整个甲面的水晶粉不能涂抹得太厚，也不能太薄，甲面呈弓形。边上透明水晶粉边进行甲面按压。注意每次用水晶笔蘸取水晶粉时都需要先蘸取水晶液，否则无法成形。

07 水晶粉铺完后用锉条按照标准的甲形进行修饰，然后在甲面上进行横向打磨。

08 用海绵抛对锉条的刻痕进行打磨，然后用抛光条的绿色面打磨海绵抛的刻痕，再用白色面进行抛光。

09 抛光结束后，在甲面上涂抹一层封层胶，并照灯固化，然后在甲沟处涂抹营养油，接着按摩至营养油完全吸收。

4. 法拉利贴片甲造型

准备材料

酒精（75%）、粉尘刷、锉条、死皮剪、死皮推、营养油、死皮软化剂、棉片、清洁啫喱水、底胶、封层胶、甲油胶、干燥剂、海绵抛、抛光条、法拉利贴片、胶水、饰品、光疗延长胶、小笔、彩绘胶和甲油胶。

注意事项

① 粘贴甲片时胶水的取量要适中。胶水不能流到皮肤上及甲沟处。

② 在粘贴完甲片后需要按压十几秒才能松开甲片，否则容易脱落。

操作流程

　　从手的消毒到为指甲上干燥剂的方法与前面相同（见"全贴甲造型"实例中的步骤01~05），这里就不再赘述。下面讲解为指甲上干燥剂后的操作方法。

01 准备好法拉利贴片，然后找出和指甲大小一致的甲片，对不合适的甲片进行修饰或者调换。

02 将胶水涂抹在法拉利贴片的凹陷处，注意胶水的取量要适中，不能使胶水流到甲沟里面。然后将带有胶水的甲片粘贴到本甲微笑线位置，粘贴后需要用手按压十几秒再放开，如果胶水未干就放开，甲片容易脱落。

03 用光疗笔蘸取光疗延长胶，涂抹在未粘贴甲片的位置，将凹陷的部位填补均匀。注意填补的时候光疗胶涂抹要均匀，不能涂抹到甲沟里面，然后照灯固化。

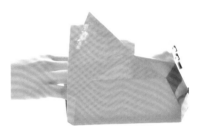

04 用棉片蘸取清洁啫喱水，擦洗甲面上的浮胶，然后用锉条、海绵抛、抛光条分别对甲面进行打磨，将甲面打磨均匀。

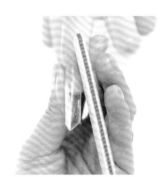

05 在法拉利贴片甲上涂抹一层黄色甲油胶，并照灯固化。为了让颜色更加饱满，可以采用同样的方法再涂抹一层。

06 用小笔蘸取黑色彩绘胶，在法拉利贴片甲的左侧微笑线处画一条不规则的线条，然后在右侧用同样的方法进行绘制，接着照灯固化。为了让颜色更饱满，可以再涂抹一次。

07 用小笔蘸取白色彩绘胶，并在黑色微笑线的上方依次画出白色线条，然后照灯固化。

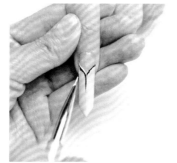

08 用小笔蘸取光疗延长胶，涂抹在法拉利甲的中心点以及甲面根部位置，然后粘贴饰品，并照灯固化。

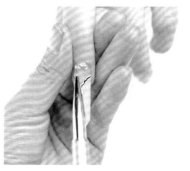

09 在甲面涂抹一层封层胶，然后照灯固化，接着涂上营养油，并按摩至全部吸收。

5. 多色琉璃贴片甲造型

准备材料

酒精（75%）、粉尘刷、锉条、死皮剪、死皮推、营养油、死皮软化剂、棉片、清洁啫喱水、底胶、封层胶、干燥剂、海绵抛、抛光条、琉璃贴片、胶水、琉璃胶、小笔、光疗延长胶、饰品、光疗笔和光疗彩胶。

注意事项

① 琉璃贴片甲在操作时必须使用专业的琉璃胶才能有通透的效果。

② 因为琉璃贴片本身就带有立体的褶皱感，所以不需要使用锡箔纸。

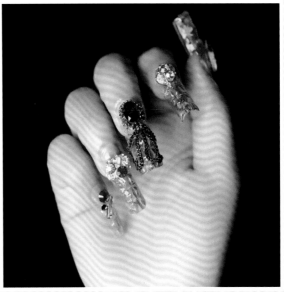

操作流程

从手的消毒到为指甲上干燥剂的方法与前面相同（见"全贴甲造型"实例中的步骤01~05），这里就不再赘述。下面讲解为指甲上干燥剂后的操作方法。

01 选择大小和形状均合适的琉璃贴片。

02 将胶水涂抹在琉璃贴片的凹陷处，注意在涂抹时胶水的取量要适中，然后将琉璃贴片粘贴在本甲上，注意不能立刻松开，需要按压十几秒钟。

03 用光疗笔将琉璃胶涂抹在甲面左边，并照灯固化。如果第一层完成后颜色不够饱满，可以再涂抹一层。因为琉璃胶的流动性大，所以需要以少量多次的方式进行涂抹。

04 用光疗笔蘸取橙色琉璃胶，涂抹在甲面右边至中心的位置，并照灯固化，为了使颜色饱满，需要涂抹两层。注意在涂抹时本甲的位置可以不用全部涂满。

05 用光疗笔蘸取光疗彩胶，涂抹在微笑线比较明显的位置，并照灯固化。然后将光疗延长胶涂抹在整个甲面至延长线上，并照灯固化。涂抹光疗延长胶的时候一定要均匀。

06 依次用锉条、海绵抛、抛光条对甲面进行打磨，注意打磨时力度不能太大，也不能磨到皮肤。

07 用光疗笔蘸取光疗延长胶，涂抹在本甲上，然后粘贴饰品，并照灯固化。为了让饰品粘贴得更加牢固，可以对边缘进行封边，注意封边后需要照灯固化。

08 在甲面上涂抹一层封层胶，并照灯固化，然后在甲沟处涂抹营养油，并按摩至完全吸收。

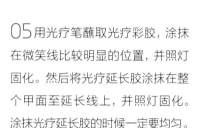

光疗甲的基础知识与造型

一、光疗甲的基础知识

1. 光疗甲的概念

光疗甲又称凝胶甲。光疗甲的固化原理是在树脂中融入一定比例的光敏引发剂，然后在紫外线的照射下，激活两者的活性基因使其结合，以快速固化形成仿真甲。光疗胶采用纯天然树脂材料，不仅能保护指甲，更能有效矫正甲形，使指甲更纤长动人。光疗甲健康无味而且不易发黄，对人体无害，不过在卸甲时会很困难，需要打磨很久。

2. 光疗甲的特点

光疗甲的优点： 环保、健康，在操作过程中没有任何刺激性气味；易打磨，不易起翘，其光泽度也非常好；具有与自然指甲一样的韧性、弹性，不易断裂；不会使自然指甲发黄，色泽艳丽，晶莹剔透，光泽度好；持久耐用，不会脱落；有利于为真甲塑形。

光疗甲的缺点： 对操作技术要求比较高；卸甲困难，需要打磨很久；卸甲后指甲会出现干枯缺水、无营养的状态，需要将营养油涂抹在指甲上，以提供足够的营养；在卸除光疗甲时容易伤害自然指甲。

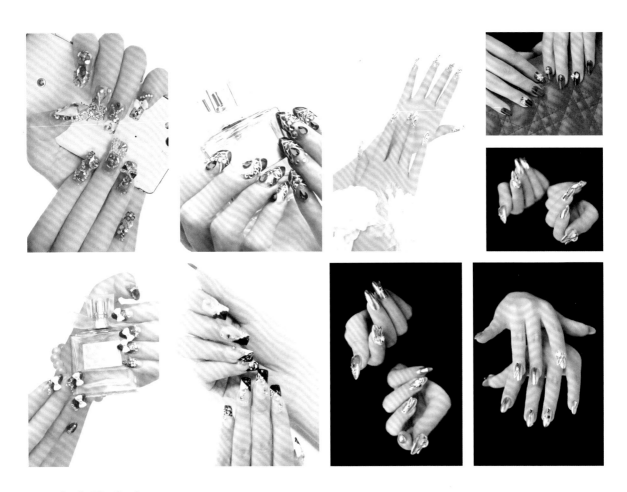

3. 光疗胶分类

结合剂： 透明色，含树脂成分，能有效将凝胶粘贴在自然甲上，此胶流动性较大，每次使用时需要少量多次。

延长胶： 又称光疗模型胶。此胶较稠，可以在自然指甲的甲面上自动流平，固化后较坚韧，有弹性，用于制作指甲前缘延长部分或者用于保护彩胶。

彩胶： 颜色丰富，与光疗甲搭配使用，易造型。

封层胶： 又称上层胶，具有硬、薄、脆的特点，能提升指甲的光亮度和耐磨度。

二、光疗甲造型实例

1. 单色渐变光疗甲造型

准备材料

酒精（75%）、粉尘刷、锉条、海绵抛、抛光条、死皮剪、死皮推、营养油、死皮软化剂、棉片、底胶、封层胶、光疗模型胶、光疗彩胶、清洁啫喱水、光疗笔和纸托。

注意事项

① 延长接口要直，不能有缺口。

② 塑形甲面要有自然的弧度。前缘指尖要薄，从正面看要有弧度，侧边薄，中间稍厚。

③ 纸托中心线与手指中心线对齐。纸托紧贴指甲，不能有缝隙，侧面与甲面处于同一水平线上。

④ 纸托与自然甲要完全贴合。

⑤ 甲形打磨要标准。

操作流程

01 做好准备工作，用酒精对工具和双手进行消毒，然后用毛巾擦拭干净。

02 根据顾客的手形、甲形以及喜好，用美甲锉条修饰出常见的标准甲形。如果顾客的指甲之前做过甲油胶，并且还有残留的部分，需要先卸除本甲的甲油胶，再进行修形。

03 将软化剂涂抹在甲沟处，待死皮软化后使死皮推与甲面约呈45°角，从甲面推向甲沟，然后用死皮剪将死皮剪掉。用温水泡手能加速死皮软化。

04 用海绵抛或者锉条横向打磨甲面，然后用粉尘刷扫掉多余的粉尘，接着用棉片蘸取清洁啫喱水，擦洗甲片粉尘。如果顾客的指甲比较敏感，建议用海绵抛进行打磨；如果顾客的指甲厚薄正常，可以用锉条进行打磨。

05 以涂抹甲油胶的方式将干燥剂涂抹在整个甲面上，干燥剂的作用是去除指甲上的水分和油分，这样可以让附着在本甲上的甲油胶黏合得更牢固。

06 在整个甲面上涂底胶，并照灯1分钟。因为底胶的流动性较大，所以一定要少量多次，避免流到甲沟处。

07 将纸托平整地贴于指芯处。纸托上有5条竖线，将中间的一条线对准指芯的中心点，再将纸托沿手指皮肤贴好。注意在贴纸托时不能倾斜，纸托和指尖的交界处不能有缝隙。

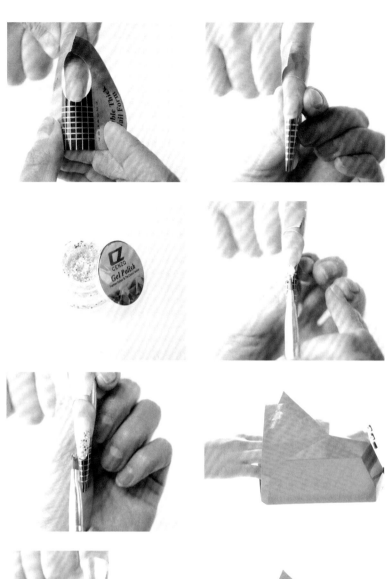

08 用光疗笔将光疗彩胶均匀地涂抹在微笑线至延长线上。由于彩胶比较黏稠，所以需要少量多次地涂抹，每涂抹一次需要照灯固化一次。涂抹的效果最好是从指尖到甲面末端呈渐变状，第一层颜色完成后再涂抹第二层颜色，这样可以让颜色更加饱满。注意不能涂抹到皮肤上。

09 将光疗模型胶涂抹在整个甲面至延长部分。注意甲沟处要全部涂抹到位，但是不能流到皮肤上，如果流到皮肤上，需要用棉片蘸取清洁啫喱水进行清洁，再照灯固化。光疗模型胶一般需要涂抹两层，才能做出弧度。

10 整个甲面设计完成后将纸托去掉。因为光疗甲上有浮胶，比较黏，所以需要用棉片蘸取清洁啫喱水，将表面的浮胶擦拭干净，再进行修形。

11 先用锉条从指甲的两边开始修饰形状，然后用锉条打磨甲面。注意打磨甲面时不能直接横向打磨，需要用锉条竖向打磨两个侧面，再横向过渡打磨，这样可以使甲形更加饱满。

12 用海绵抛直接打磨甲面，然后用抛光条的绿色面打磨，接着用抛光条的白色面进行抛光。

13 整个甲面打磨完成后，在甲面上涂抹一层封层胶，并照灯固化，然后在甲沟处涂抹营养油，并按摩至完全吸收。

2. 自然延长光疗甲造型

准备材料

酒精（75%）、粉尘刷、锉条、海绵抛、抛光条、死皮剪、死皮推、营养油、死皮软化剂、棉片、底胶、封层胶、光疗模型胶、甲油胶、清洁啫喱水、光疗笔和纸托。

注意事项

① 如果顾客的本甲够长，可以直接在本甲上操作；如果顾客的本甲不够长，需要使用光疗模型胶做延长，然后再操作。

② 延长制作完成后一定要先打磨修形，修至标准形后，再用甲油胶制作款式。

③ 指甲的弧度要饱满、有形。

④ 延长部分的衔接口不能出现缺口。

操作流程

从手的消毒到为指甲上底胶的方法与前面相同（见"单色渐变光疗甲造型"实例中的步骤01~06），这里就不再赘述。下面讲解为指甲上底胶后的操作方法。

01 将纸托平整地贴于指芯处。纸托上有5条竖线，将中间的一条线对准指芯的中心点，再将纸托沿手指皮肤贴好。注意纸托不能倾斜，纸托和指尖的交界处不能有缝隙。

02 在整个甲面至延长部分涂抹一层光疗模型胶，并照灯固化。在涂抹光疗模型胶时，甲面要平整，不能有凹陷部分，甲沟处需要全部涂满光疗模型胶，不能涂到皮肤上。涂抹光疗模型胶的次数可以根据指甲的实际厚度决定，没有明确规定需要上几层，只要甲面有弧度、平整即可。注意上胶要少量多次。

03 待整个甲面的光疗模型胶固化后取下纸托，然后用锉条进行打磨修形，形状可以根据顾客的需求而定。注意打磨时先用锉条将两边的形状修饰好，再打磨中间，进行过渡。接着依次用海绵抛和抛光条将指甲表面的刻痕打磨掉。

04 在甲面上涂抹一层红色甲油胶，注意要将整个甲面涂满，然后照灯固化。为了使颜色更加饱满，可以再涂抹一层，并照灯固化。

05 在甲面上涂抹封层胶，并照灯固化。注意如果需要做款式，可以先制作款式再涂抹封层胶；如果不需要做款式，就直接涂抹封层胶。

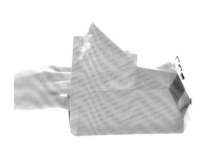

06 在整个甲沟处涂抹营养油，并按摩至完全吸收。

3. 简易格子光疗甲造型

准备材料

酒精（75%）、粉尘刷、锉条、海绵抛、抛光条、死皮剪、死皮推、营养油、死皮软化剂、棉片、底胶、封层胶、光疗模型胶、甲油胶、清洁啫喱水、光疗笔、纸托、彩绘胶和小笔。

注意事项

① 注意小笔的正确使用方法。

② 用于彩绘的产品可以是彩绘胶，也可以是甲油胶。和甲油胶相对比，彩绘胶的颜色更饱满。具体使用哪种胶可以根据美甲款式的颜色来定。

操作流程

从手的消毒到为指甲上底胶的方法与前面相同（见"单色渐变光疗甲造型"实例中的步骤01~06），这里就不再赘述。下面讲解为指甲上底胶后的操作方法。

01 将纸托平整地贴于指芯处。纸托上有5条竖线，将中间的一条线对准指芯的中心点，然后将纸托沿手指贴好。注意在贴纸托时不能倾斜，纸托和指尖的交界处不能有缝隙。

02 在整个甲面至延长部分涂抹一层光疗模型胶，并照灯固化。在涂抹光疗模型胶时，甲面要平整，不能有凹陷部分，甲沟处需要全部涂满光疗模型胶，不能涂到皮肤上。涂抹光疗模型胶的次数可以根据指甲的实际厚度决定，没有明确规定需要上几层，只要甲面有弧度、平整即可。注意上胶要少量多次。

03 取掉纸托，对指甲进行打磨修形。先从指甲的两侧修饰，然后对中间进行打磨过渡，让整个甲面均匀，接着用粉尘刷将甲面上的粉尘清洁干净，最后用棉片擦拭甲面。

04 在甲面上涂抹红色甲油胶，为了使颜色更加饱满，可以涂抹两遍。切记，一定要涂抹完一遍并照灯固化后，再涂抹第二遍，并照灯固化。

05 用小笔蘸取黑色彩绘胶，在甲面上画出两条横向的黑色条纹，并照灯固化。为了使颜色更加饱满，可以再画一遍，并照灯固化。

06 用小笔蘸取黑色彩绘胶，在甲面上画出竖向的倾斜短线条，注意线条的间隔要均匀，然后照灯固化。具体排列方式可以根据顾客的需求来定，只要线条规则、大小一致即可。

07 在甲面上涂抹一层封层胶，并照灯固化。

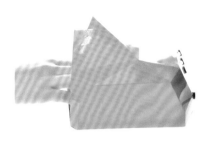

08 在甲沟处涂抹营养油，并按摩至完全吸收。注意甲面不能有油脂。

4. 半贴幻彩光疗甲造型

准备材料

酒精（75%）、粉尘刷、锉条、海绵抛、抛光条、死皮剪、死皮推、营养油、死皮软化剂、棉片、底胶、封层胶、半贴甲片、胶水、清洁啫喱水、光疗笔、丙烯颜料和双色排笔。

注意事项

① 用排笔绘画时，两种颜色不能混合在一起，不需要照灯。

② 使用半贴甲片时不需要打磨甲面，直接修饰出标准形状，然后涂抹光疗彩胶即可。

操作流程

从手的消毒到为指甲上底胶的方法与前面相同（见"单色渐变光疗甲造型"实例中的步骤01~06），这里就不再赘述。下面讲解为指甲上底胶后的操作方法。

01 选择和本甲对应的半贴甲片，修剪成和本甲大小一致，然后取适量的胶水，涂抹在半贴甲片的微笑线以内，注意胶水不能太多。

02 将涂抹胶水的半贴甲片粘贴在指甲前端的1/3处，也就是指甲的微笑线至指尖的位置，并按压1分钟左右。

03 待胶水干后用一字剪修剪指甲的长短，然后用锉条修形，注意在修饰形状的时候不要打磨甲面。

04 将蓝色光疗彩胶直接涂抹在整个甲面上，注意一定要涂抹均匀，然后照灯固化。接着采用同样的方法再涂抹一次，并照灯固化，使整体颜色更加饱满。

05 用锉条将甲面不平整的部分打磨平整，再对整体形状进行简单的修饰。注意在打磨甲面的时候不能太过用力，否则容易将甲面的彩胶全部打磨掉。

06 在整个甲面上涂抹一层封层胶，并照灯固化。

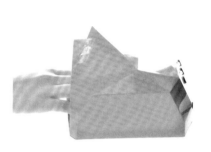

07 将需要的颜料放在锡箔纸或者颜料盘中，然后用排笔调配颜色。注意在调配颜色的时候需要一支笔上有两种颜色，所以在调色时就需要以1∶1的比例将颜色均匀地调到笔上。不管画哪种排笔花，一定要用白色来搭配，比如画叶子就用白色配绿色，画花就用白色配红色等。

08 对本甲进行彩绘，注意彩绘的时候白色面在外侧，紫色面朝向内侧。一层一层、一朵一朵地绘制。因为使用的是丙烯颜料，所以不需要照灯。先绘制出整体花形，再绘制叶子。如果颜色不够饱满，可以重复操作一次。

09 在甲面上涂抹一层封层胶，并照灯固化，然后在甲沟处涂抹营养油，并按摩至完全吸收。

5. 雕花光疗甲造型

准备材料

酒精（75%）、粉尘刷、锉条、海绵抛、抛光条、死皮剪、死皮推、营养油、死皮软化剂、棉片、底胶、封层胶、光疗模型胶、甲油胶、清洁啫喱水、光疗笔、纸托、白色水晶粉、水晶液、水晶笔、水晶杯和雕花笔。

注意事项

① 雕花可以在涂抹封层胶之前操作，也可以在之后操作，根据个人习惯而定。

② 雕花粉有白色和透明色之分，一般选用白色雕花粉；水晶液有慢干和快干之分，建议初级美甲师选择慢干水晶液，方便造型。

③ 因为雕花粉的干燥速度较快，所以操作速度也要快，不需要照灯。

④ 雕花笔必须完全浸湿才能蘸取水晶粉，注意在蘸取水晶粉的时候一定要使其呈水滴状，这样才便于对花进行塑造。

⑤ 雕花笔的保养方法是每次用完后直接用水晶液清洗，光疗笔需要用清洁啫喱水清洗。

操作流程

　　从手的消毒到为指甲上底胶的方法与前面相同（见"单色渐变光疗甲造型"实例中的步骤01~06），这里就不再赘述。下面讲解为指甲上底胶后的操作方法。

01 将纸托平整地贴于指芯处。纸托上有5条竖线，将中间的一条线对准指芯的中心点，然后将纸托沿手指皮肤贴好。注意在贴纸托时不能倾斜，纸托和指尖的交界处不能有缝隙。

02 将光疗模型胶均匀地涂抹在整个甲面至延长部分，并照灯固化。在上光疗模型胶时甲面要平整，甲沟处需要全部涂满。上模型胶的次数可以根据指甲的实际厚度而定，注意少量多次。

03 待整个甲面的光疗模型胶固化后取下纸托，然后用锉条进行打磨修形，可以根据顾客的需求进行修饰，打磨的时候先用锉条将两边的形状修饰好，再打磨中间，进行过渡。接着依次用海绵抛、抛光条将指甲表面的刻痕打磨掉。

 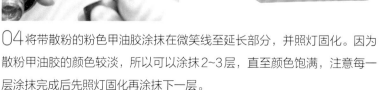 

04 将带散粉的粉色甲油胶涂抹在微笑线至延长部分，并照灯固化。因为散粉甲油胶的颜色较淡，所以可以涂抹2~3层，直至颜色饱满，注意每一层涂抹完成后先照灯固化再涂抹下一层。

05 在甲面上涂抹封层胶，并照灯固化。

06 准备好水晶液、白色水晶粉和雕花笔，先用水晶笔蘸取水晶液，再蘸取水晶粉，然后将水滴状的水晶粉放到甲面上，并用笔尖将水晶液轻轻按压成花瓣状。注意在按压白色水晶粉的时候，笔要保持干净并有湿度，所以每做一次就需要清洗一次笔。

07 采用同样的方法依次雕出剩下的花瓣，然后雕出藤条，注意花瓣与藤条的布局要合理。整个雕花完成后粘贴饰品进行点缀，粘贴饰品的时候可以用饰品专用胶水或者光疗模型胶，粘贴完成后照灯固化。

08 在甲面上涂抹封层胶，注意涂抹的时候要避开饰品部分，雕花部分可以涂抹封层胶，也可以不涂抹，具体情况根据顾客的要求来定。最后在甲沟处涂抹营养油，并按摩至完全吸收。

6.1分钟快速光疗镶钻造型

准备材料

酒精（75%）、粉尘刷、锉条、海绵抛、抛光条、死皮剪、死皮推、营养油、死皮软化剂、棉片、底胶、封层胶、快速光疗甲片、快速光疗胶、甲油胶、小笔、点钻笔、平钻和光疗模型胶。

注意事项

① 快速光疗胶在甲片边缘位置不宜铺得太满。快速光疗甲片必须与快速光疗胶结合使用，和普通贴片不一样。

② 可以选择专业的饰品胶或光疗模型胶粘贴饰品。不管用哪种胶，粘贴完成后都要对饰品进行封边，这样可以让饰品保持得更久。

操作流程

从手的消毒到为指甲上底胶的方法与前面相同（见"单色渐变光疗甲造型"实例中的步骤01~06），这里就不再赘述。下面讲解为指甲上底胶后的操作方法。

01 找出大小合适的快速光疗甲片，然后将快速光疗胶涂抹在甲片凹陷处，并用光疗笔按压均匀，注意整个甲面的边缘位置不能太厚。

02 按压完成后，将甲片直接粘贴在本甲上，并轻轻按压甲片。如果有多余的快速光疗胶溢出甲沟，可用排笔或钢推清理干净。将指芯突出的部分用光疗笔按压平整，然后照灯1分钟左右，使其固化。

03 轻轻将甲片取掉，然后用锉条进行打磨修形。

04 在甲面上涂抹金色甲油胶，并照灯固化。如果颜色不够饱满，可以再涂抹一层，并照灯固化。

05 用光疗笔蘸取光疗模型胶，均匀地涂抹在本甲上，涂抹的时候不宜太厚，涂抹完成后不用照灯。

06 用点钻笔将饰品粘贴到甲面上，并照灯固化。可以选择大小不一样的饰品，这样粘贴出来的效果会更加立体。

07 用小笔蘸取光疗模型胶，进行封边，然后照灯固化。注意每一颗饰品都需要进行封边。

08 在甲沟处涂抹营养油，并按摩至完全吸收。

07

水晶甲的基础知识与造型

一、水晶甲的基础造型

1. 水晶甲的概念

　　水晶甲是传统美甲工艺中的一种，是将甲粉和甲液融合后在指甲上固化而成的。水晶甲易造型，色彩丰富，千变万化，不过气味比较大。水晶甲颜色晶莹剔透，能从视觉上改变手指形状，给人以修长感，从而弥补手形不美的遗憾，可以和各种颜色的服装搭配，衬托出女性高雅的气质，体现与众不同的个性。法式水晶甲以方形为主，深得欧美女性喜爱。水晶甲需用专业卸甲液卸除。

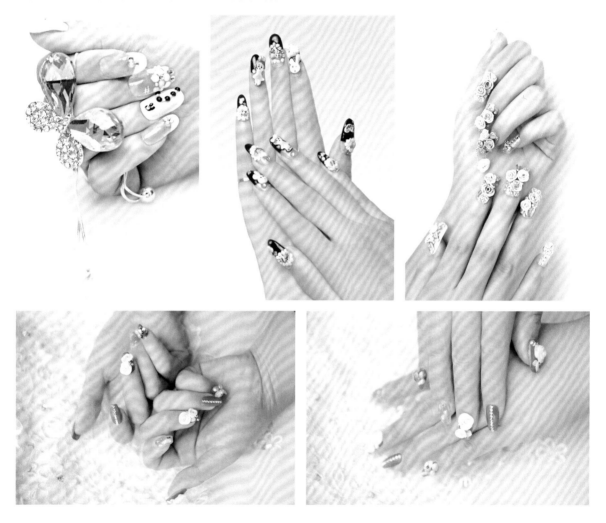

2. 水晶甲的特点和分类

　　水晶甲的特点是造型快、款式多、不易折断、牢固、佩戴时间长久。常见的水晶甲可以分为以下几类。

　　自然型水晶甲： 和本甲连成一体，直接在本甲上铺水晶粉。

　　透明水晶甲： 先用透明色做延长，再制作款式。

　　法式水晶甲： 指尖的位置全是白色延长甲。

3. 纸托的正确佩戴方法

纸托佩戴的好坏关系到指甲的形状是否美观，以及指甲是否牢固，下面就对纸托佩戴的步骤进行解析。

01 准备好纸托，并将纸托取下。一个手指一个纸托，不能重复使用。

02 撕开纸托后端的虚线，然后将纸托轻轻折弯几次，这样做是为了更好地塑造形状。

03 将纸托正中间的线条对准本甲的指芯，注意在纸托边缘位置和本甲的指尖之间不能出现太大的空隙，否则延长后的指甲容易断裂。

04 将纸托前端捏成尖形，然后将纸托撕开的部位粘贴在手指上。

二、水晶甲造型实例

1. 法式水晶甲造型

准备材料

酒精（75%）、粉尘刷、锉条、死皮剪、死皮推、海绵抛、营养油、死皮软化剂、棉片、干燥剂、封层胶、白色水晶粉、透明水晶粉、水晶液、水晶杯、水晶笔、塑形钳和纸托。

注意事项

① 法式水晶甲的颜色搭配必须以白色为主，标准法式水晶甲的形状为方形。

② 水晶液与水晶粉的搭配比例。

③ 水晶笔每次使用后必须马上用水晶液清洗干净。

④ 注意微笑线的流畅度，AB两点必须处于统一的位置和高度。

⑤ 水晶甲比较牢固，在操作的过程中不需要使用底胶。

⑥ 注意整体甲形弧度。甲面要干净，形状要标准。

⑦ 水晶甲是自然固化的，不需要照灯。

操作流程

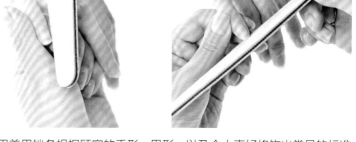

01 做好准备工作，用酒精（75%）对工具和双手进行消毒，然后用棉片擦拭干净。

02 用美甲锉条根据顾客的手形、甲形，以及个人喜好修饰出常见的标准甲形。如果顾客之前做过美甲，需要先卸除残留的部分，再进行修形。

03 在甲沟处涂抹死皮软化剂，待死皮软化后，使死皮推与甲面约呈45°角，从甲面推向甲沟，然后用死皮剪将死皮剪掉。注意使用死皮推和死皮剪的时候不能伤害到皮肤，动作要慢、轻、柔。

04 用海绵抛或者锉条打磨甲面，使甲面粗糙，增加附着力，让自然指甲与甲片贴合得更牢固，然后用粉尘刷扫掉多余的粉尘，接着用棉片蘸取清洁啫喱水，擦洗甲片粉尘。

05 在整个甲面上涂抹干燥剂，增加附着力，让水晶粉贴合得更牢固。然后佩戴纸托，根据顾客的手形将纸托戴在指尖处，注意上纸托时纸托和本甲不能有空隙，纸托不能歪斜。

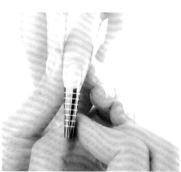

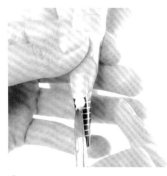

06 用水晶笔先蘸取水晶液，再蘸取白色水晶粉，待笔上的白色水晶粉呈水滴状后将其置于延长的纸托上，在微笑线至延长的部分做出白色的法式延长甲。在制作延长部分时，蘸取水晶粉和水晶液要少量多次，每次操作都需要用水晶笔按压水晶粉，使形状均匀，注意微笑线位置要干净。此操作要快速，防止水晶粉固化。

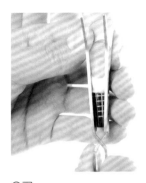  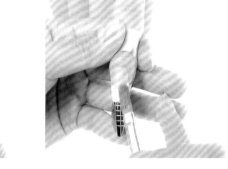

07 用塑形钳轻轻夹住甲沟两边，进行塑形。注意塑形时塑形钳应平稳地放于本甲两侧，轻轻按压塑形钳即可。塑形时水晶粉不能完全干透，否则没有效果。

08 用水晶笔先蘸取水晶液，再蘸取透明水晶粉，使其呈水滴状后将其放于整个甲面至延长部分并按压均匀。注意蘸取的水晶粉必须呈透明色，如果是白色的，说明水晶液没有完全浸湿水晶粉，此时需要再次蘸取水晶液，使其变成透明状。在按压的过程中，水晶粉不能涂抹到皮肤上，甲沟位置必须全部涂满，不能留空隙。

09 待透明水晶粉固化后取掉纸托，然后用锉条进行打磨修形。在修形前先用水晶笔轻轻敲打甲面，判断是否完全干透，干透后在甲面上敲打时声音清脆，未干透则没有声音，此时需要再等待1分钟左右。修完形状后用海绵抛、抛光条依次对甲面进行打磨、抛光。

10 在甲面上涂抹一层封层胶，并照灯固化，然后在甲沟处涂抹营养油，并按摩至完全吸收。

2. 幻彩渐变水晶甲造型

准备材料

酒精（75%）、粉尘刷、锉条、死皮剪、死皮推、海绵抛、营养油、死皮软化剂、棉片、干燥剂、封层胶、透明水晶粉、水晶液、水晶笔、水晶杯、塑形钳、纸托、塑胶饰品和甲油胶。

注意事项

① 幻彩渐变水晶甲使用的是带彩色亮片的甲油胶，在操作的过程中需要有渐变的感觉，所以需要使用两个不同色系的颜色进搭配。一般可以选择浅色系和深色系搭配，注意中间过渡要自然。

② 铺的第一层透明水晶粉一定要薄，这样才方便打磨。

③ 延长甲最重要的就是整个指甲的最高点，即甲沟至延长的中心点，甲沟处和延长处不需要太高。

操作流程

　　从手的消毒到为指甲上纸托的方法与前面相同（见"法式水晶甲造型"实例中的步骤01~05），这里就不再赘述。下面讲解为指甲上纸托后的操作方法。

01 准备好透明水晶粉、水晶液、水晶杯和水晶笔，将水晶液倒入水晶杯中，然后把水晶笔放入水晶杯中浸泡打湿，笔尖的每个部位都需要浸湿，这样才方便蘸取水晶粉。用打湿后的水晶笔蘸取水晶粉，注意一定要完全浸湿水晶粉，让水晶粉呈透明的水滴状。

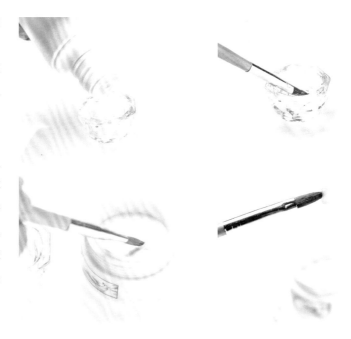

02将笔上的透明水晶粉放在整个甲面和延长部分，然后将水晶粉按压均匀。注意一定要用笔腹进行按压，如果水晶粉流动性比较大，可以待其干一点儿后再按压。甲沟处的水晶粉不宜太厚，也不能弄到皮肤上。

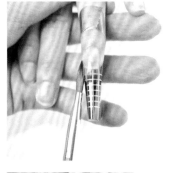
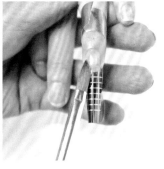

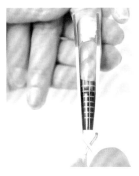

03用塑形钳轻轻夹住甲沟两边，对延长指甲进行塑形。待整个水晶甲干透后，取掉纸托。

04用锉条对整个甲面进行打磨修形，注意锉条不能打磨到皮肤。

05 用海绵抛打磨甲面，然后用粉尘刷将甲面上的粉尘清洁干净。

06 将甲油胶涂抹在整个甲面上，并照灯固化。注意涂抹甲油胶时甲沟边缘要留出空隙，但指尖的位置需要整体包边。采用同样的方法再涂抹一层甲油胶，并照灯固化，使颜色更加饱满。

07 制作渐变色。如果有黄色带散粉的甲油胶可以直接涂抹，如果没有可以进行调配。准备一点儿黄色甲油胶，将其放在锡箔纸上，再准备一点儿带亮片散粉的甲油胶，将两种颜色的甲油胶调配在一起即可。

08 将调配好的甲油胶用光疗笔涂抹在需要制作渐变效果的位置，然后照灯固化。注意在制作渐变效果的过程中，颜色过渡要自然。如果颜色不够饱满，可以重复操作一次。

09 准备好饰品，然后在指甲表面需要粘贴饰品的位置涂抹透明水晶粉。也可以选择其他材料粘贴饰品，比如专业的饰品粘贴胶水、光疗延长胶等。

10 在透明水晶粉未完全干透时，用镊子将合适的饰品粘贴在甲面上，注意不需要照灯。然后用透明水晶粉对边缘起翘的位置进行封边，这样可以让饰品粘贴得更加牢固。

11 在甲面上涂抹封层胶，然后在甲沟处涂抹营养油，并按摩至完全吸收。

3. 双色水晶延长甲造型

准备材料

酒精（75%）、粉尘刷、锉条、死皮剪、死皮推、海绵抛、营养油、死皮软化剂、棉片、干燥剂、封层胶、透明水晶粉、水晶液、水晶笔、水晶杯、塑形钳、纸托、雕花胶、甲油胶和雕花笔。

注意事项

① 透明水晶粉一般用于制作水晶甲，也可以制作延长部分。在透明水晶粉中加入同比例的水晶液，使其形成自然凝固的晶体。在操作的过程中，水晶粉要完全变成透明色才能放在指甲甲面上进行按压，按压时一定要用水晶笔的笔腹按压。甲沟处需要完全铺满，但是不能弄到皮肤上。

② 雕花胶和普通的雕花粉材质不一样，操作的方式也是不一样的。使用雕花胶需要先将胶放在手心里，用手搓成一个圆球，再用雕花笔以雕花的手法进行按压。

③ 在制作双色水晶甲时，可以直接用颜色合适的甲油胶进行涂抹。涂抹的方式与甲油胶的涂抹方式一样，需要照灯处理。

④ 因为水晶甲会自然凝固，所以不需要照灯。水晶甲的质地坚硬牢固，在制作延长甲的时候不需要上底胶。

操作流程

从手的消毒到为指甲上纸托的方法与前面相同（见"法式水晶甲造型"实例中的步骤01~05），这里就不再赘述。下面讲解为指甲上纸托后的操作方法。

01 将笔上的透明水晶粉放在整个甲面和延长部分，然后将水晶粉按压均匀。注意一定要用笔腹进行按压，如果水晶粉流动性比较大，可以待其干一点儿后再按压。甲沟处的水晶粉不宜太厚，也不能弄到皮肤上。

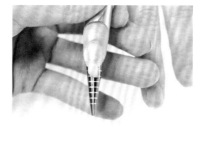

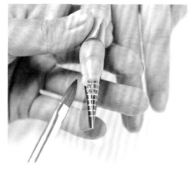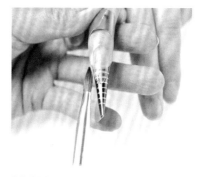

02 用塑形钳轻轻夹住甲沟两边，对延长指甲进行塑形，然后取掉纸托即可。

03 用锉条进行修形，然后用海绵抛进行打磨，接着用粉尘刷清洁甲面上的粉尘。修形状时可以参照标准甲形的修饰方式，打磨的时候整体甲面要均匀，厚薄要一致。

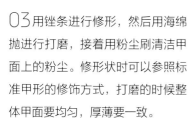

04 在甲面上涂抹一层白色甲油胶，并照灯固化，然后采用同样的方法再涂抹一层，使颜色更加饱满。

05 在甲面的1/2处至指尖的位置涂抹紫色甲油胶，并照灯固化。如果第一层颜色不够饱满，可以涂抹第二层，并照灯固化。

06 准备好雕花胶和雕花笔，用牙签或者钢推取出一小块雕花胶放到手心里，然后将取出来的雕花胶搓成一个小圆球。在取雕花胶的时候一定要用坚硬的工具，手心一定要干净。不管塑造哪种形状，都需要先搓成一个圆球。

07 用雕花笔将手心里的雕花胶放到甲面需要雕花的位置，然后用雕花笔按压出花形，并照灯固化。因为雕花胶是需要照灯才能固化的，所以每一层花形完成后都需要照灯固化，才能进行下一个花形的塑造。左边完成后用同样的方法制作右边。

08 取一小块雕花胶，放于蝴蝶结中间的结口处，然后用雕花笔的笔尖以竖向的方式轻轻按压，接着照灯固化。为了让结口更加立体，在按压的时候可以分成几段进行。

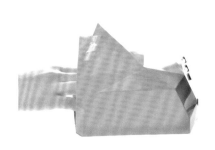

09 整个雕花完成后，在甲面上涂抹封层胶，并照灯固化，注意涂抹封层胶时要避开雕花的部位。然后在甲沟处涂抹营养油，并按摩至完全吸收。

4. 水晶外雕甲造型

准备材料

酒精（75%）、粉尘刷、锉条、死皮剪、死皮推、海绵抛、营养油、死皮软化剂、棉片、干燥剂、封层胶、透明水晶粉、水晶液、水晶笔、水晶杯、雕花笔、塑形钳、纸托、彩色雕花粉、甲油胶和珍珠饰品。

注意事项

① 在雕花时花瓣一定要均匀，不能太厚。如果使用两种颜色雕花，颜色不能全部混合在一起。

② 雕花的产品可以使用彩色雕花粉，也可以使用雕花胶，两者的区别是彩色雕花粉可以自然干透，而雕花胶需要照灯固化。可以根据自己现有的产品进行制作。

③ 是在雕花后涂抹封层胶，还是先涂抹封层胶再雕花，可以根据顾客的需求而定。先涂抹封层胶再雕花立体感会更强，但是佩戴时间久则易脏；雕完花后再涂抹封层胶立体感不强，但是不易弄脏。

④ 每次粘贴完饰品后都需要进行包边，这样才能保持得更久。

操作流程

从手的消毒到为指甲上纸托的方法与前面相同（见"法式水晶甲造型"实例中的步骤01~05），这里就不再赘述。下面讲解为指甲上纸托后的操作方法。

01 将笔上的透明水晶粉放在整个甲面至延长部分，然后用笔腹将纸托上的水晶粉按压均匀。如果水晶粉的流动性比较大，可以待其干一点儿后再按压。注意甲沟处水晶粉不宜太厚，也不能弄到皮肤上。

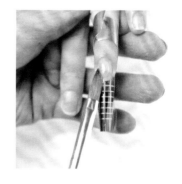

02 用塑形钳轻轻夹住甲沟两边，对延长指甲进行塑形。待整体水晶甲干透后，取掉纸托。

03 用锉条对整个甲面进行打磨修形，注意锉条不能打磨到皮肤。然后用海绵抛进行打磨，接着用粉尘刷将甲面上的粉尘清洁干净。

04 在甲面上涂抹一层肉色甲油胶，并照灯固化，然后重复操作一次，使颜色更加饱满。接着在指甲的中间至指尖的位置涂抹粉色甲油胶，并照灯固化。

  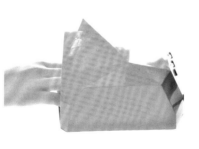

05 在甲面上涂抹封层胶，并照灯固化。

06 准备好白色的雕花粉、雕花笔和水晶液。

07 将雕花笔在水晶液中浸泡，然后用带有水晶液的雕花笔蘸取白色水晶粉。注意笔上的水晶粉必须完全浸湿，而且要呈水滴状。接着将水滴状的水晶粉放到甲面上，用雕花笔笔尖垂直进行玫瑰花花蕊的雕绘。

08 采用同样的方法取出水晶粉，进行玫瑰花花瓣的雕绘，注意玫瑰花花瓣的雕绘方法和用小笔绘制玫瑰花花瓣的方法一样，两头尖中间粗，类似括号。

09 花形制作完成后，开始制作叶子。因为叶子需要用到两种颜色，所以在操作的时候先用雕花笔蘸取白色雕花粉，再蘸取蓝色雕花粉，蓝色雕花粉只需要蘸取白色的一半即可。然后将两种颜色的雕花粉放到甲面上，开始制作叶子，按压的方式和正常的雕花方式一样。

10 用点铅笔取珍珠，将其放到甲面上。在甲沟处涂抹营养油，然后按摩至完全吸收。

5. 水晶彩绘甲造型

准备材料

酒精（75%）、粉尘刷、锉条、死皮剪、死皮推、海绵抛、营养油、死皮软化剂、棉片、干燥剂、封层胶、透明水晶粉、水晶液、水晶笔、塑形钳、纸托、甲油胶、彩绘胶和小笔。

注意事项

① 需要将水晶甲和彩绘两种方式结合运用。

② 注意水晶粉和水晶液的搭配比例。

③ 注意水晶笔的使用方法。

操作流程

从手的消毒到为指甲上纸托的方法与前面相同（见"法式水晶甲造型"实例中的步骤01~05），这里就不再赘述。下面讲解为指甲上纸托后的操作方法。

01 将笔上的透明水晶粉放在整个甲面和延长部分，然后将水晶粉按压均匀。注意一定要用笔腹进行按压，如果水晶粉流动性比较大，可以待其干一点儿后再按压。甲沟处的水晶粉不宜太厚，也不能弄到皮肤上。

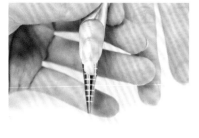
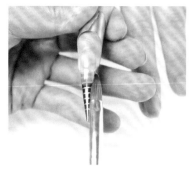

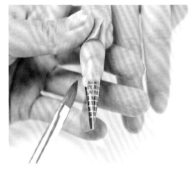
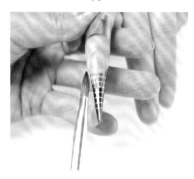

02 用塑形钳轻轻夹住甲沟两边进行塑形，然后取掉纸托用锉条进行修形，接着用海绵抛进行打磨，最后用粉尘刷清洁甲面上的粉尘。修形的时候参照标准甲形进行修饰，打磨的时候整体甲面要均匀，厚薄一致。

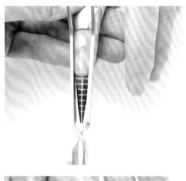

03 在甲面上以V形涂抹一层黑色甲油胶，并照灯固化，然后采用同样的方法再涂抹一层，使颜色更加饱满。

04 以V形在指尖位置涂抹一层白色甲油胶,并照灯固化。注意白色甲油胶不要完全覆盖黑色甲油胶,要留出一点距离。

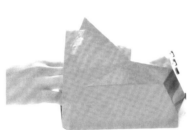

05 用小笔蘸取白色彩绘胶,在甲面上进行彩绘。先画出一片叶子,再在里面的空隙处填满颜色,其他部分以同样的方式进行绘制。彩绘胶需要照灯才能固化,在画完一个部分并照灯固化后,再进行下一步操作。

06 用黑色彩绘胶在另一端进行绘制,如果颜色不够饱满,可以在照灯固化后再画一层。然后用小笔分别蘸取白色和黑色彩绘胶,绘制圆点来点缀。

07 在甲面上涂抹封层胶,并照灯固化,然后在甲沟处涂抹营养油,并按摩至完全吸收。

08

琉璃甲的基础知识与造型

一、琉璃甲的基础知识

1. 琉璃的概念

琉璃甲是以各种颜色的人造琉璃液为原料制作而成的。琉璃甲的美甲工艺和其他类型的美甲有所区别，是直接将材料涂在指甲上，塑造出大体形状，再进行适当打磨、矫正，塑造成完美的柳叶形，制作的时间比较长。

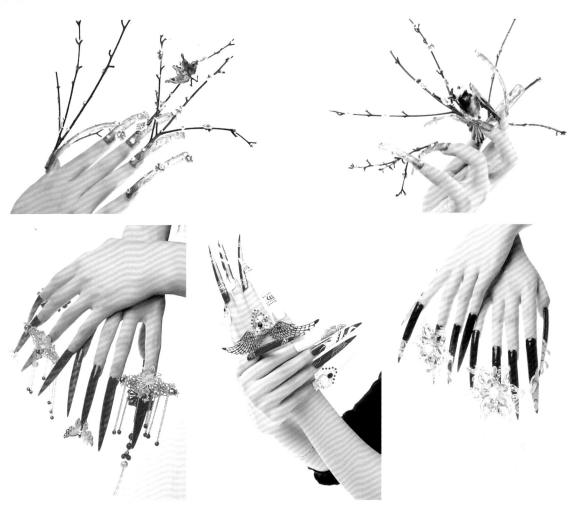

2. 琉璃甲的作用

琉璃甲除了具有美化作用之外，还能保护指甲免受伤害，并且能够对指甲形状进行矫正。制作琉璃甲的时间比一般的美甲时间更久，花费的成本更高，不过保持的时间也会更长久，约为一个月。琉璃甲不怕刮，不易脱落，就算是洗碗、洗衣服都对指甲没有太大的影响。琉璃甲晶莹剔透，具有真甲的质感，不易发黄、变脆。

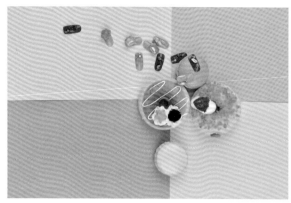

3. 琉璃甲的制作方法

　　光疗胶、甲油胶或专业的琉璃胶均可用于制作琉璃甲。注意选用透明性好一点儿的材料，这样才可能呈现琉璃的效果。找一张锡箔纸，在上面折一些痕迹，或者弄出褶皱，注意不要用太大的力揉搓，以免做出来的成品表面不均匀。接下来的步骤就和光疗甲、水晶甲的制作方法一样。这种指甲由于具有透光性和底部的不规则折痕而呈现出了琉璃的效果，因此被称为琉璃甲。

二、琉璃甲造型实例

1. 自然琉璃甲造型

准备材料

酒精（75%）、粉尘刷、锉条、死皮剪、死皮推、海绵抛、营养油、死皮软化剂、棉片、清洁啫喱水、底胶、封层胶、琉璃胶、干燥剂、锡箔纸、纸托、点钻笔、双面胶、光疗笔和饰品。

注意事项

① 在制作琉璃甲的延长部分时，本甲要和琉璃甲贴合。

② 锡箔纸在折叠时不宜太碎，否则后期不易取下来。

③ 在制作琉璃甲延长部分时，不需要用光疗模型胶，直接将琉璃胶涂抹到锡箔纸上做延长即可。

④ 打磨甲面时，力度不能太重，避免破坏琉璃胶。

⑤ 琉璃胶流动性大，要以少量多次的方式进行涂抹。

操作流程

01 做好准备工作，用酒精对工具和双手进行消毒。根据顾客的手形、甲形及喜好，用美甲锉条修饰出常见的标准甲形。

02 在甲沟处涂抹软化剂，待死皮软化后，使死皮推与甲面约呈45°角，从甲面推向甲沟，然后用死皮剪将死皮剪掉。

03 用海绵抛或者锉条打磨甲面，使甲面粗糙以增加附着力，然后用粉尘刷扫掉多余的粉尘，接着用棉片蘸取清洁啫喱水，擦洗掉甲片粉尘。

  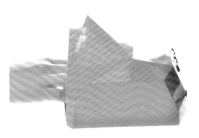

04 在整个甲面涂上干燥剂以增加附着力，让甲油胶黏合得更牢固，然后涂抹底胶，并照灯固化。

05 准备好纸托、双面胶、锡箔纸，然后将双面胶贴在纸托上，接着将锡箔纸折叠成不规则的形状，粘贴在纸托上，注意在粘贴时锡箔纸不能超出纸托。

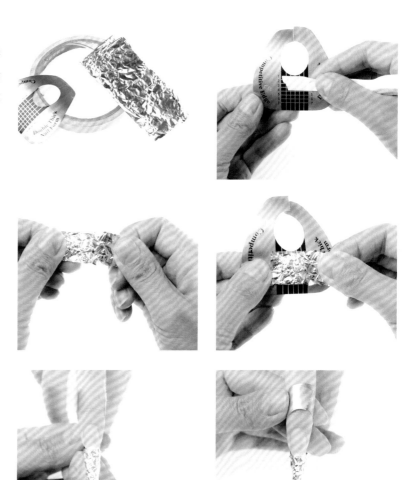

06 将贴好锡箔纸的纸托平稳放于指芯处，然后将纸托捏成想要的形状，贴在手指上，注意纸托不能和指尖出现空隙，纸托要和本甲在同一平面上。

07 用光疗笔蘸取红色琉璃胶，然后将红色琉璃胶涂抹在甲面微笑线至延长部分。注意微笑线要干净流畅。在涂抹第一层琉璃胶的时候就要做好形状，避免后期花费时间去打磨。接着照灯固化。

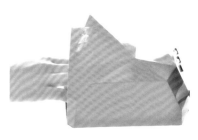

08 采用同样的方法涂抹第二层琉璃胶，并照灯固化。琉璃胶涂抹的层数没有固定要求，只要整个延长部分成形即可。由于琉璃胶的流动性很大，所以需要少量多次涂抹。红色琉璃胶涂抹完成后用塑形钳进行塑形。

09 将光疗模型胶涂抹在整个甲面至延长部分，然后照灯固化，每次涂抹后都需要照灯固化，再涂抹下一层，注意光疗模型胶不能涂抹到皮肤上。接着再次用塑形钳进行塑形。

10 取下纸托，用棉片蘸取清洁啫喱水，擦拭掉甲面上的浮胶，然后用锉条进行修形，接着用海绵抛打磨，最后用抛光条抛光。注意修形时先从两边打磨，再用锉条打磨中间，进行过渡，这样整体弧度会更加饱满。

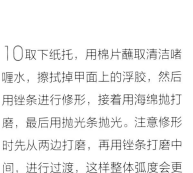

11 对甲面进行饰品装饰。用点钻笔将人造钻石贴于指甲表面，一般在装饰饰品时可以选择专业的饰品胶，也可以直接用光疗模型胶，然后照灯固化。可以在装饰前涂抹封层胶照灯固化，也可以在装饰完成后进行，如果后涂抹封层胶要注意避开饰品，以免影响美观度。

12 在甲沟处涂抹营养油，并按摩至完全吸收。

2. 单色外雕琉璃甲造型

准备材料

酒精（75%）、粉尘刷、锉条、死皮剪、死皮推、海绵抛、营养油、死皮软化剂、棉片、清洁啫喱水、底胶、封层胶、琉璃胶、干燥剂、锡箔纸、纸托、双面胶、光疗笔、雕花粉、水晶液、水晶杯、雕花笔和饰品。

注意事项

① 琉璃胶的流动性较大，每一次操作时都要少量多次上色。

② 在使用锡箔纸的时候不能揉捏得太碎。

③ 涂抹封层胶之后方可进行外雕，雕花的材料可以是雕花粉，也可以是雕花胶。

操作流程

　　从手的消毒到为指甲上纸托的方法与前面相同（见"自然琉璃甲造型"实例中的步骤01~06），这里就不再赘述。下面讲解为指甲上纸托后的操作方法。

01 用光疗笔在甲面微笑线至延长部分涂抹一层紫色琉璃胶，并照灯固化。琉璃胶的流动性比较大，在操作的时候需要以少量多次的方式进行。注意指甲整体的形状，琉璃胶不能流到皮肤上，不需要将整个指甲涂满。

02 进行第一次塑形。在塑形的时候，指甲固化不能太软或者太硬，塑形完成后需要再一次照灯固化。

03 用光疗笔将光疗模型胶均匀地涂抹在整个甲面至延长部分，并照灯固化。注意在涂抹的过程中取量要均匀，采用少量多次的方式进行涂抹。

04 进行第二次塑形，并照灯固化，然后取掉纸托，接着用一张干净的棉片蘸取清洁啫喱水，擦洗甲面上的浮胶。

05 用锉条修饰出标准的指甲形状，然后用海绵抛进行打磨，接着用粉尘刷清洁甲面上的粉尘。

06 在甲面上涂抹一层封层胶，并照灯固化。注意涂抹封层胶的时候不能碰到皮肤。

07 准备好白色雕花粉、水晶液、雕花笔，然后将水晶液倒入水晶杯中，接着用浸泡后的雕花笔蘸取少量的白色雕花粉，注意雕花粉一定要呈水滴状，以方便雕花操作。

08 将水滴状的白色雕花粉放到甲面微笑线中心点，然后用雕花笔将雕花粉按压出花瓣的形状。注意按压时花瓣边缘要干净。接着以同样的方法制作出第二片、第三片、第四片花瓣。

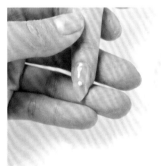

09 花瓣制作完成后，制作叶子作为点缀。因为叶子比花瓣小，所以取量要比花瓣的取量少。

10 整体雕花完成后，在花瓣的中心点做一些饰品点缀。用雕花笔蘸取一小块透明色雕花粉，放到花蕊处，然后用镊子夹起平钻，放到花蕊处。

11 在甲面上涂抹一层封层胶，并照灯固化，注意避开雕花。然后在甲沟处涂抹营养油，并按摩至完全吸收。

3. 琉璃甲饰品造型

准备材料

酒精（75%）、粉尘刷、锉条、死皮剪、死皮推、海绵抛、营养油、死皮软化剂、棉片、清洁啫喱水、底胶、封层胶、琉璃胶、干燥剂、锡箔纸、纸托、双面胶、光疗笔、彩绘胶、小笔和饰品。

注意事项

① 选择大小不一的饰品进行搭配，突出立体感。

② 因为琉璃甲衔接处容易断裂，所以衔接处的琉璃胶厚薄要适中。

③ 整个甲面的弧度要自然，最高点在整个甲面的月牙位置。

操作流程

从手的消毒到为指甲上纸托的方法与前面相同（见"自然琉璃甲造型"实例中的步骤01~06），这里就不再赘述。下面讲解为指甲上纸托后的操作方法。

01 用光疗笔将绿色琉璃胶涂抹在微笑线至整个延长部分，并照灯固化，注意在涂抹的过程中要以少量多次的方式进行。为了使颜色更加饱满，可以采用同样的方法再涂抹一层。

02 用塑形钳进行塑形，然后用光疗延长胶涂抹整个甲面，并照灯固化。注意在涂抹光疗延长胶时甲面的饱满度，最高点在甲面的中心点。

03 用棉片蘸取清洁啫喱水，将甲面上残留的浮胶擦洗干净，然后取掉纸托。

04 用锉条修饰形状，然后用海绵抛打磨甲面，接着用粉尘刷扫掉粉尘。

05 准备好金色彩绘胶，用小笔将金色彩绘胶以线条的形式绘制在微笑线处，并照灯固化。

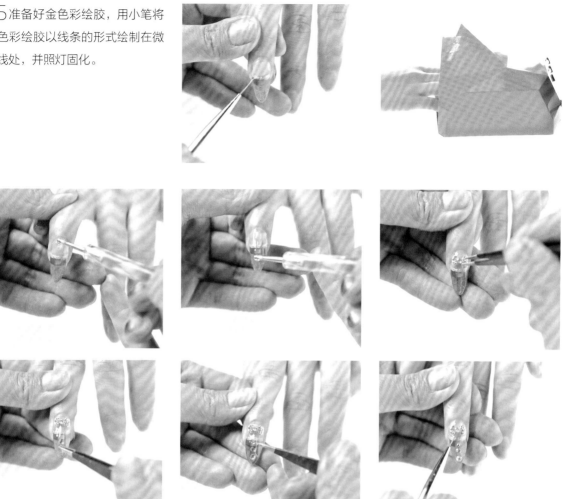

06 用小笔或者钢珠笔将光疗延长胶涂抹在甲面需要粘贴饰品的位置，然后用镊子将蝴蝶结饰品粘贴到甲面上，接着用小笔进行封边，使其更加牢固。

07 在甲面上涂抹封层胶，注意避开饰品部位，然后照灯固化。接着在甲沟处涂抹营养油，并按摩至完全吸收。

09

彩绘甲的基础知识与造型

一、彩绘甲的基础知识

1. 彩绘甲的概念

彩绘甲是指用专业的绘画工具在指甲上描绘图案。彩绘甲对美甲师的绘画技巧和创意水平要求较高，其特点是构图千变万化，色彩斑斓。

2. 彩绘练习工具与握笔技巧

彩绘练习的主要工具： 黑色练习册、小笔、排笔、丙烯颜料、调色板。

因为在彩绘过程中丙烯颜料容易干，所以需要适当加水进行调和。在用排笔绘制时，需要一笔画出两种颜色，所以对于笔的选择很重要，一般在练习册上绘制时可以选择大一号的排笔，注意颜色的饱和度，随时洗笔，随时加色。

正确的洗笔方式： 右手以握毛笔的方式握笔，笔毛不能全部浸泡到水中。在清洗的过程中不能太过用力，以免笔毛分叉。用自来水清洗即可。

彩绘练习工具

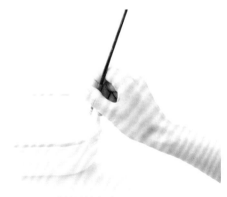

正确的洗笔方式

小笔的握笔方式：右手以握毛笔的方式握笔，与练习册垂直。绘制时小笔必须保持垂直，不能倾斜，以掌根支撑在练习册上。

　　排笔的握笔方式：将排笔的笔尖平均分为两部分，一部分涂抹白色，一部分涂抹绿色，然后将蘸满颜料的排笔放在调色板上进行调色。注意调色时两个颜色不能混为一体，颜色调完后再以握毛笔的方式握住排笔，与练习册垂直进行绘制。

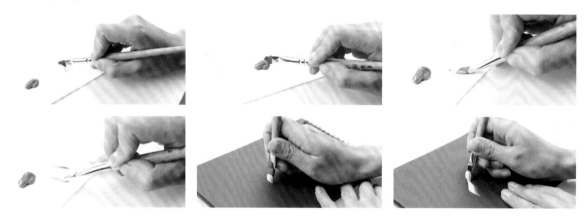

二、彩绘小笔练习方法

1. 五瓣花的画法

01 用小笔蘸取颜料，在练习册上画一片水滴状花瓣，然后给花瓣填满颜色。

02 采用同样的方法画出第二片和第三片花瓣，注意花瓣之间要留出空隙，不能连接在一起，否则没有层次感。

03 采用同样的方法画出其他花瓣，每个花瓣的尾部要对准中心点。

04 花瓣完成后，在花瓣的缝隙中画出叶子和线条，线条要流畅，布局要有序。

2. 四叶草的画法

01 用小笔画出一个水滴形状。

02 紧挨着再画出一个水滴形状，形成一个桃心，这样就完成了第一片花瓣的绘制。

03 采用同样的方法画出第二片花瓣，注意中间留出空隙。

04 依次画出剩下的花瓣，注意花瓣的尖部对准中心点。

05 在花瓣中间画出线条，然后加上叶子，注意整体布局。

3. 梅花的画法

01 用小笔画出一个空心的圆弧形，然后将里面的颜色涂抹成渐变状态。边缘颜色深，中心颜色浅。

02 采用同样的方法，以顺时针方向画出第二片花瓣。

03 以中心点为花蕊，围绕花蕊画出剩下的三片花瓣。

04 画出叶子，叶子的画法有很多种，可以采用多种形式表现。然后画出枝条。

4. 扶桑花的画法

01 以画波浪的方式，用小笔画出第一片花瓣的轮廓。

02 以顺时针方向，依次画出其他花瓣的轮廓。

03 在花瓣边缘线的内部填色。用拉线条的方式，快速而有力地由外向内拉出细细的渐变状线条，填满花瓣。

04 绘制第二朵花，然后画出叶子。

5. 玫瑰的画法

01 用小笔画出一个小圆点作为中心点。

02 以打括号的方式将小圆点包围，包围时不能连在一起，花瓣的形状以中间粗两边尖为准。

03 在每一个封口的地方画出一片花瓣，一般画二三层就足够了。

04 采用同样的方法画出另外几朵玫瑰，每朵之间的距离不宜太远。

05 在玫瑰的空隙处画出叶子和线条，可以不用太整齐，叶子和线条可以灵活掌握。

6. 海豚的画法

01 用小笔画出一条弯弯的弧线，如同月牙儿。

02 在弧线的上方画出另一条弧线，呈空心状，然后将颜色填满。

03 在海豚身体的末端，用画叶子的方式画出海豚的尾巴。

04 采用同样的方法画出海豚的鳍。

05 用黑色颜料画出海豚的眼睛。

7. 羽毛的画法

01 用小笔采用从上到下由粗变细的画法，画出一条弧线。

02 在弧线的一侧一条一条地拉出线条，最上面的线条偏长，越往下线条越短。第一层完成后再以同样的方法画出第二层，增加层次感。

03 采用同样的方法画出另一侧的线条，注意层次感。

8. 侧面蝴蝶的画法

01 用小笔画出一条上宽下窄的弧线，再画出波浪纹路，作为蝴蝶翅膀的一小部分。

02 根据蝴蝶翅膀的结构再画出一条弧线，然后画出不同的波浪线条，形成蝴蝶的翅膀。

03 画出小水滴的形状，作为蝴蝶的身体，然后画出蝴蝶的两条触须。

04 在蝴蝶翅膀的中间部分拉出渐变的线条，表现层次感。

9. 草莓的画法

01 用小笔蘸取红色颜料，画一个空心的倒水滴状，然后将中间填满颜色。

02 在草莓的上方用绿色颜料画出叶片，然后在草莓上点上黑色小点即可。

10. 蘑菇的画法

   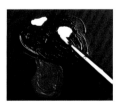 

01 用小笔画出一个空心的蘑菇盖。

02 将蘑菇盖里面填满颜色。

03 用红色颜料画出蘑菇的柄。

04 用白色颜料在蘑菇盖上画出大小不一的圆点。

三、彩绘排笔练习方法

1. 立体单片叶子的画法

01 用排笔取色，一边为白色，另一边为绿色，取量要均匀。

02 调色后，将排笔倾斜45°左右，白色在上绿色在下，由下往上以S形运笔，然后以白色的笔尖收笔，收笔和起笔要慢，干净利索。

03 画出另一边，同样是白色在上，轻轻往右压笔，像写括号一样由上向下转动笔，以白色收笔。

2. 多层叶子的画法

01 用排笔蘸取白色和绿色颜料，从左边开始由下往上，像写M一样转动排笔。以绿色起笔，以白色收笔。

02 右边轻轻压笔，像写数字3一样由上往下快速拉笔，同样以白色收笔。

3. 马蹄莲的画法

01 用排笔蘸取白色和紫色颜料，然后以单片叶子的画法画出两片组合在一起的叶子，形成马蹄莲的上半部分。

02 沿着左边花瓣的边界线，由上往下拉笔，画出右边单片叶子的形状，边缘一定要对齐。

03 采用同样的方法画出另一朵马蹄莲的上半部分。

04 用白色和绿色画出马蹄莲的根部，画根部时线条一定要细长，按压笔时弧度不能太大。

05 根部完成后用小笔画出马蹄莲的花蕊。

4. 单层玫瑰的画法

01 用排笔蘸取白色和紫色颜料，画一个半圆形。

02 在第一片花瓣的两边画出两片同样的花瓣，三片花瓣完成后，花朵呈皇冠形。

03 待其干后在中间空隙处画上半圆的花瓣，形状不能大于第一层花瓣。

04 在第二层花瓣的下方，用白色笔尖对准紫色空隙处由左向右进行包裹。

05 用白色和绿色画出多层叶子。

06 用小笔在花朵中心处点上黄色花蕊，然后画上线条即可。

5. 多层玫瑰的画法

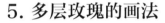

01 用排笔蘸取白色和红色颜料，以写字母n的方式画出第一片花瓣。

02 在第一片花瓣的下方以画微笑线的方式再画一片花瓣，包围第一片花瓣，要等第一片花瓣的颜色干透后再画第二片花瓣，两头的衔接口一定要对齐。

03 在花朵的右边，以斜向下的方向画出花瓣，以白色收笔。

04 采用同样的方法画出左侧的花瓣。

05 用同样的方式画出其他玫瑰花朵，注意排版要协调。

06 整体花朵完成后，采用画多层叶子的方法画出玫瑰的叶子。

07 用小笔画出玫瑰的线条，然后点出花蕊。

6. 梅花的画法

01 用排笔蘸取白色和红色颜料，以半圆的形式画出第一片花瓣，以白色收笔。

02 在右侧留出一点空隙开始进行第二片花瓣的绘制，注意每片花瓣的大小和相互之间的空隙要一致。

03 采用同样的方法绘制出第三片、第四片和第五片花瓣，梅花一般由五片花瓣构成。第一层颜色画完后如果颜色不饱和，可以继续在原位置再画一次，让颜色更加饱和。

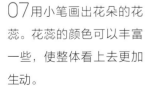  

04 在花朵的左侧以同样的方法画出几片大小不同的花瓣。

05 在右侧也画出几片大小不同的花瓣。

06 用黄色和绿色在空隙处画出不规则的叶子，叶子的大小和多少可以根据画面的布局而定。

07 用小笔画出花朵的花蕊。花蕊的颜色可以丰富一些，使整体看上去更加生动。

7. 大红花的画法

01 用排笔蘸取白色和红色颜料，以画波浪线的手法画出第一片花瓣，如同一个多层叶子。

02 画出第二片花瓣，注意留出空隙。

03 画出另外几片花瓣，围成一朵花，每片花瓣之间都要有空隙，不能重叠在一起。

04 在花瓣之间的空隙处画出叶子，注意叶子的颜色要衬托出花朵的颜色。

05 用小笔在花朵中间点上花蕊。

四、甲片彩绘造型

1. 优雅磨砂造型

这款美甲造型以简单的纯色打底，用彩绘线条的方式进行勾画，整体效果简单大方。颜色可以自由搭配组合。绘制线条时手一定要稳，可以找一个支撑点以防止手抖。

01 准备好甲油胶、彩绘笔、彩绘胶、甲片和底座。

02 将甲片修出需要的形状，然后粘贴在底座上，接着在甲片上涂抹底胶，并照灯固化。

03 在甲面上涂抹一层绿色甲油胶，并照灯固化，然后涂抹第二层绿色甲油胶，并照灯固化。

04 用棉片蘸取清洁啫喱水，擦去甲面上的浮胶。然后用黑色彩绘胶沿着甲面勾绘斜线，并用黑色彩绘胶进行颜色填充，接着照灯固化。

05 用黑色彩绘胶画出第二层颜色，与第一层黑色彩绘胶交叉，然后照灯固化。

06 在甲面上涂抹磨砂封层胶，并照灯固化，然后用棉片擦去甲面上的浮胶。

2. 时尚豹纹造型

这款美甲造型以红色打底，黑白两色绘画豹纹，整个造型洋溢出春天的气息，效果时尚大方。绘制豹纹时要注意握笔的方式，手可以适当抖动，这样线条的粗细变化会更加自然。

01 在甲面上涂抹一层底胶，并照灯固化，注意要全部涂抹完，不留空隙。

02 涂抹一层红色甲油胶，并照灯固化。为了让颜色饱满，需要再涂抹一层。

03 用彩绘小笔蘸取白色彩绘胶，在甲面上画出大小不一的圆点，并照灯固化。然后用彩绘小笔蘸取黑色彩绘胶，在白色圆点周围画出不规则的粗线条，并照灯固化。

04 用棉片蘸取清洁啫喱水，擦拭甲面上的浮胶，然后涂抹免擦洗封层胶，接着照灯固化即可。

3. 经典格子造型

此款格子美甲造型拥有细腻温柔的磨砂质感，款式低调，有气质，适合任何季节。红色和黑色是经典搭配，适合任何服饰。

01 准备好甲片，先涂抹一层底胶，并照灯固化。

02 涂抹一层红色甲油胶，并照灯固化。再涂抹一层红色甲油胶，并照灯固化，让颜色更加饱满。

03 用平头排笔蘸取黑色甲油胶，画出一条横向的条纹，并照灯固化，然后画出第二条横向条纹，并照灯固化。

04 用平头排笔分别画出两条竖向条纹，并照灯固化。注意绘制条纹时甲油胶不宜过多，条纹也不宜过宽。

05 用小笔蘸取黑色彩绘胶，在横向条纹和竖向条纹的交叉点画出小正方形，并照灯固化。

06 在甲面涂抹封层胶，并照灯固化，然后用棉片擦拭甲面即可。

4. 简约大牌条纹造型

这款美甲造型以两个金属圈的装饰为亮点，为指甲增添了时尚气息。操作时注意饰品的搭配要协调，强调整体的设计感。

01 准好甲片，然后涂抹底胶，并照灯固化。

02 涂抹一层红色甲油胶，并照灯固化。为了让颜色更加饱满，需要再涂抹一层红色甲油胶，并照灯固化。

03 用平头排笔沿甲片左右两侧画出竖向条纹，然后照灯固化，注意颜色要饱满。

04 准备好饰品、光疗延长胶、小笔和点钻笔。用点钻笔蘸取光疗延长胶。

05 将光疗延长胶涂抹在需要粘贴饰品的位置，然后将金属圆圈放于光疗胶上，并照灯固化。接着用小笔蘸取光疗延长胶，对金属圆圈的边缘进行包边，这样可以让饰品更加牢固。

06 在甲面上涂抹封层胶，并照灯固化。

5. 双色渐变几何造型

　　这款美甲造型的线条和渐变的底色组成了一款别具一格的几何纹。这款作品对于绘画技能要求较高，两种颜色渐变过渡要自然。

01 修剪好甲片，然后涂抹底胶，并照灯固化。

02 在指尖到甲面中间的位置涂抹一层黄色甲油胶，然后在其余位置涂抹一层绿色甲油胶，不用照灯，接着用化妆海绵在黄色和绿色的交界处轻轻拍打，做出渐变的效果，最后照灯固化。

03 为了使颜色更加饱满，可以采用同样的方法再涂抹一层甲油胶，并照灯固化。

04 用棉片蘸取清洁啫喱水，将甲面上的浮胶擦掉，然后用小笔蘸取黑色彩绘胶，由左上方向右下方画出一条斜线，不用照灯，接着用小笔蘸取黑色彩绘胶，在左上方的线条处画出一个斜V形，再依次画出其他线条，所有线条画完后照灯固化，如果颜色不够饱满，可以重复操作一次。

05 用小笔蘸取黑色彩绘胶，对整个指甲边缘进行包边，注意边缘要干净整齐，线条流畅。

06 在甲面上涂抹一层免洗封层胶，然后照灯固化。

6. 趣味勾绘造型

此款造型简单时尚，线条精致素雅，整体设计感强。

01 准备好甲片，然后在甲面上涂抹一层底胶，并照灯固化。

02 在甲面上涂抹一层白色甲油胶，并照灯固化。然后重复操作一次，使颜色更加饱满。

03 用棉片蘸取清洁啫喱水，擦拭甲面，然后用小笔蘸取黑色彩绘胶，由左上方向右下方画出一条不规则的线条，并照灯固化。

04 用小笔蘸取黑色彩绘胶，在第一笔的末端处画一个小的S形线条，弧度不宜太大，然后照灯固化。注意布局。

05 将笔洗干净，然后蘸取红色彩绘胶，紧靠第二笔线条的左侧绘制出一条较粗的线条，并照灯固化。

06 整体完成后在甲面上涂抹免洗封层胶，并照灯固化。

7. 彩色俏皮几何造型

此款美甲造型新颖大方，指尖的色彩搭配丰富，整体感觉清新，适合炎热的夏季。

01 在甲面上涂抹一层底胶，并照灯固化。

02 在甲面上涂抹一层肉粉色甲油胶，并照灯固化。重复操作一次，使颜色更加饱满。

03 将白色、灰色、红色和黄色甲油胶放到锡箔纸上，然后用小笔分别蘸取不同颜色，涂抹在甲面上。

04 先在指尖右侧绘制一条灰色竖线，线条可以适当粗一点儿，并照灯固化，然后用小笔蘸取红色甲油胶，在灰色线条的旁边绘制出红色竖线条，并照灯固化。注意线条的长短搭配。如果颜色不够饱满，可以重复操作一次。

05 采用同样的方法在甲面上绘制出其他颜色的线条，注意线条的粗细和长短搭配。

06 绘制完成后在甲面上涂抹一层免洗封层胶，然后照灯固化。

8. 个性立体编织纹造型

这款美甲造型采用全黑色彩绘胶制作，略带复古风，重点在于对线条精致度和宽窄度的把握。

01 在甲片上涂抹一层底胶，并照灯固化。

02 在甲片上涂抹一层白色甲油胶，并照灯固化。为了使颜色更加饱满，可再涂抹一遍白色甲油胶，并照灯固化。

03 用棉片蘸取清洁啫喱水，擦掉甲面上的浮胶，然后用小笔蘸取黑色彩绘胶，从指甲左上方向右下方绘制斜线，注意线条之间的距离，完成后照灯固化。

04 绘制出第二层线条，与第一层线条交叉，注意线条之间的距离要一致，然后照灯固化。

05 用小笔蘸取黑色彩绘胶，对指甲进行包边，并照灯固化。然后用点钻笔蘸取光疗延长胶，涂抹到甲根中间位置，接着将饰品粘贴到甲面上，并照灯固化。在粘贴饰品时可以选择大小不一的饰品，使整体效果看起来更加生动。

06 在甲面上涂抹一层免洗封层胶，并照灯固化。注意涂抹时避开饰品部位。

9. 职场法式几何造型

这款美甲造型以简约的几何色块为主要元素，色调浓郁饱满，成熟且富有女人味。经典的黑白搭配非常时尚、百搭。

01 准备好甲片，然后在甲面上涂抹一层底胶，并照灯固化。

02 在甲面上涂抹一层斜法式白色甲油胶，并照灯固化。为了使颜色更加饱满，可以重复操作一次。

03 在透明色的甲面上涂抹紫色甲油胶，并照灯固化。如果颜色不够饱满，可以重复操作一次。

04 用小笔蘸取黑色彩绘胶，在白色和紫色的交界处画一个斜三角形，然后将颜色全部填满，并照灯固化。

05 用小笔在三角形的下方画一条黑色的横向线条，并照灯固化，然后在左边靠近边缘处画一条竖向的黑色线条，并照灯固化。为了让颜色更加饱满，可以重复操作一次。

06 在甲面上涂抹一层免洗封层胶，并照灯固化。

10. 个性彩绘格子造型

这是一款比较个性的红黑搭配格子造型，适合在冬季搭配毛衣或者大衣，注意整体构图和线条表现。

01 在甲面上涂抹底胶，并照灯固化。

02 在甲面上涂抹一层红色甲油胶，并照灯固化。为了使颜色更加饱满，需要重复操作一次。

03 用棉片蘸取清洁啫喱水，擦掉甲面上的浮胶，然后用小笔蘸取黑色彩绘胶，画出指甲后缘横向线条，在绘制线条时注意线条的流畅度和整齐度，第三根线条与第二根线条的距离更宽一些，绘制完成后统一照灯固化。

04 采用同样的方法在指甲中间位置绘制三根线条，然后照灯固化。

05 在指尖的位置绘制三根线条，然后照灯固化，注意整体构图。

06 横向线条绘制完成后，在左边位置依次绘制出两根竖向线条，并照灯固化。然后在右边绘制三根竖向线条，并照灯固化。注意间隔距离。

07 用小笔蘸取白色彩绘胶，填充格子，并照灯固化。如果颜色不够饱满，可重复操作一次。最后涂抹一层免洗封层胶，并照灯固化。

11. 夏日海滩彩绘造型

这款美甲造型非常浪漫，运用了椰树、海洋、天空和海鸟等元素，将夏日海滩的意境完美地呈现出来。

01 在甲面上涂抹底胶，并照灯固化。

02 在指甲后缘涂抹一层粉色甲油胶，然后在其他位置涂抹黄色甲油胶，接着用小笔在黄色和粉色甲油胶的交界处做出晕染效果，最后照灯固化。为了让颜色更加饱满，需要重复操作一次。

04 绘制出大雁作为简单的装饰，然后照灯固化，接着在甲面上涂抹一层免洗封层胶，并照灯固化。

03 用小笔蘸取黑色彩绘胶，画出椰树树干，并照灯固化，然后分别画出椰树的树枝和树叶，并照灯固化。注意树枝的大小、布局，以及每个树枝的空隙。如果颜色不够饱满，可以重复操作一次。

12. 早秋民族风造型

这款美甲造型带有浓郁的民族风，整体效果精美。所有图案采用纯手工绘制，对布局、颜色搭配和线条表现都有更高的要求。

01 在甲面上涂抹底胶，并照灯固化。

02 在甲面上涂抹一层白色甲油胶，并照灯固化。为了让颜色更加饱满，可以重复操作一次。

03 用小笔蘸取红色彩绘胶，在甲面指缘位置绘制一条
横线，然后在横线下方绘制出不同长度的竖向小线条，
并照灯固化。接着在指尖的位置绘制一条横线，并在横
线的上方绘制不同长度的竖向小线条，最后照灯固化。

04 在甲面中间位置绘制出花朵，并照灯固化，然后用
黄色在花朵中间画出花蕊，并照灯固化。

05 在花朵的下方用绿色彩绘胶画出倒八字形，然后顺着花朵的两边画出正八字形，
作为树枝，接着在树枝上画出树叶，再分别用绿色和紫色画出小点，使整体看上去
更加生动，最后照灯固化。

06 在甲面上涂抹免洗封
层胶，并照灯固化。

13. 可爱手绘猫咪造型

这款美甲造型底色清爽剔透，再搭配可爱的卡通图案，更增添了童趣。

01 在甲面上涂抹底胶，
并照灯固化。

02 在甲面上涂抹一层肉
色甲油胶，并照灯固化。为
了使颜色更加饱满，可再
涂抹一层，并照灯固化。

03 在指尖涂抹一层白色甲油胶，做出反法式效果，并照灯固化。然后用小笔蘸取黑色彩绘胶，在白色部分画出猫
咪的鼻子，再用小笔绘制出两条线，作为嘴巴。接着用点钻笔在肉色部分画出猫咪的两只眼睛，最后照灯固化。

04用小笔蘸取红色彩绘胶，绘制出猫咪的两只耳朵，并照灯固化，然后用点钻笔蘸取白色甲油胶，在黑色眼睛上画出高光，接着照灯固化。

05用小笔分别在耳朵和眼睛的下方画出不规则的小圆点，并照灯固化。然后用小笔在嘴巴下方画出红色的花朵，最后照灯固化。

06在甲面上涂抹一层免洗封层胶，并照灯固化。

14. 彩绘民族风造型

这是一款采用勾绘技法表现的民族风美甲造型，以淡淡的乳白色打底，再勾画出具有民族特色的花纹，并用复古的金属饰品装饰，整体效果时尚、大气。

01在甲面上涂抹一层底胶，并照灯固化。

02在甲面上涂抹一层乳白色甲油胶，并照灯固化。为了使颜色更加饱满，再重复操作一次。

03用小笔蘸取绿色甲油胶，在指尖处画一条横向线条，然后用咖色画出第二条横向线条，接着在咖色上方画出白色横向线条，再依次在白色上方画出绿色和咖色横向线条。注意线条要彼此紧挨在一起，不能有空隙，整体完成后不能照灯。

04 用小笔的笔尖从线条的末端开始从上向下勾画出竖条纹理，注意在勾画纹理时要画出并排的效果。勾画时速度不宜过快，否则纹路在未照灯的时候就会出现不流畅的情况，整体完成后统一照灯固化。

05 用小笔蘸取光疗延长胶，涂抹在需要粘贴饰品的部位，然后将钢珠贴在延长胶上。注意在粘贴的时候钢珠容易掉，所以速度要快，接着照灯固化。最后在整个甲面上涂抹一层免洗封层胶，并照灯固化。

15. 率性炫酷几何造型

这款美甲造型主要以流行的几何元素为主，通过黑色背景的衬托，展现出成熟女性的魅力。

01 在甲面上涂抹一层底胶，并照灯固化。

02 在甲面上涂抹一层黑色甲油胶，并照灯固化。为了使颜色更加饱满，可以再涂抹一层黑色甲油胶，并照灯固化。

03 用小笔蘸取白色彩绘胶，在指尖的位置画出不同长度的竖向线条，然后在反方向的位置以同样的方法画出白色线条，绘制的线条可以适当粗一点儿，最后照灯固化。

04 用小笔蘸取红色彩绘胶，在指尖白色线条的右边绘制线条，然后在指甲后缘白色线条的左边绘制线条，接着照灯固化。最后在甲面涂抹一层免洗封层胶，并照灯固化。

五、彩绘甲造型实例

1.平面豹纹造型

准备材料

酒精（75%）、粉尘刷、锉条、死皮剪、死皮推、海绵抛、营养油、死皮软化剂、棉片、清洁啫喱水、底胶、封层胶、甲油胶、干燥剂、小笔、彩绘胶和饰品。

注意事项

① 注意彩色豹纹的颜色搭配，边缘不能连接在一起。

② 画完一层颜色后要先照灯固化，再画下一层颜色。

操作流程

01 做好准备工作，用酒精对工具和双手进行消毒。

02 根据顾客的手形、甲形，以及个人喜好，用美甲锉条修饰出常见的标准甲形。注意持握锉条的方法，不能打磨到皮肤。

03 在甲沟处涂抹软化剂，待死皮软化后，使死皮推与甲面约呈45°角，从甲面推向甲沟，然后用死皮剪将死皮剪掉。注意软化剂不能涂抹到甲面上，在使用钢推或者死皮剪的时候不能修剪到皮肤，死皮要修剪干净。

04 用海绵抛打磨甲面，使甲面粗糙，以增加附着力，然后用粉尘刷扫掉多余的粉尘，接着用棉片蘸取清洁啫喱水，擦洗甲片。

05 在整个甲面上涂抹干燥剂以增加附着力，让甲油胶黏合得更牢固，待其干后在甲面上涂抹底胶，并照灯1分钟。

06 在甲面上涂抹一层粉色甲油胶，并照灯固化。为了使颜色更加饱满，可以重复操作一次。

07 准备好白色彩绘胶，用小笔蘸取白色彩绘胶，在甲面上点出不同大小的波点，并照灯固化。

08 用小笔蘸取黑色彩绘胶，在白色波点的两边画出豹纹的纹路，在画纹路时注意绘画的手法，两头尖中间粗，不能连接在一起，绘制完成后照灯固化。

09 在甲面上涂抹一层免洗封层胶，并照灯固化，然后在甲沟处涂抹营养油，并按摩至完全吸收。

2. 彩绘线条造型

准备材料

酒精（75%）、粉尘刷、锉条、死皮剪、死皮推、海绵抛、营养油、死皮软化剂、棉片、清洁啫喱水、底胶、封层胶、甲油胶、干燥剂、小笔、彩绘胶、光疗延长胶、点钻笔和饰品。

注意事项

① 注意各种材料的运用方法。

② 绘制的各类线条要流畅、干净。

操作流程

　　从手的消毒到为指甲上底胶的方法与前面相同（见"平面豹纹造型"实例中的步骤01~05），这里就不再赘述。下面讲解为指甲上底胶后的操作方法。

01 在甲面上涂抹一层蓝色甲油胶，并照灯固化。为了使颜色更加饱满，可以重复操作一次。

02 用小笔蘸取黄色彩绘胶，在甲面上绘制线条，注意线条的形状及流畅度，然后照灯固化。接着重复操作一次，使颜色更加饱满。

03 用小笔蘸取光疗延长胶，涂抹在甲面根部，然后用点钻笔将钻石饰品粘贴在甲面根部。接着用小笔对饰品进行包边，最后照灯固化。

04 在甲面上涂抹封层胶，并照灯固化，然后沿甲沟处涂抹营养油，并按摩至完全吸收。

3. 彩绘花朵造型

准备材料

酒精（75%）、粉尘刷、锉条、死皮剪、死皮推、海绵抛、营养油、死皮软化剂、棉片、清洁啫喱水、底胶、封层胶、甲油胶、干燥剂、小笔、彩绘胶、光疗延长胶和饰品。

注意事项

① 注意花朵的绘制技法。
② 注意花朵的布局和颜色搭配，突出整体效果。

操作流程

从手的消毒到为指甲上底胶的方法与前面相同（见"平面豹纹造型"实例中的步骤01~05），这里就不再赘述。下面讲解为指甲上底胶后的操作方法。

01 在甲面上涂抹一层绿色甲油胶，并照灯固化。为了使颜色更加饱满，需要重复操作一次。

02 用小笔蘸取黑色彩绘胶，在甲面左边绘制出第一朵花的轮廓。采用同样的方法绘制出其他花瓣的轮廓，注意花朵的大小和距离。花朵绘制完成后画出叶子和线条，然后照灯固化。

03 给花朵轮廓填充颜色。用小笔蘸取白色彩绘胶，在花朵轮廓内涂抹白色，然后照灯固化。

04 为了使整个花瓣更有立体感，在白色固化后，用小笔蘸取黑色彩绘胶，在花瓣中心画出虚实结合的线条，注意一半白色一半黑色，然后照灯固化。接着用小笔蘸取金色彩绘胶，画出两条线条，并照灯固化。

05 用小笔蘸取光疗延长胶，涂抹在需要粘贴饰品的位置，然后将饰品粘贴在甲面上，并照灯固化。为了让饰品粘贴得更加牢固，需要用小笔对边缘位置进行封边，并照灯固化。

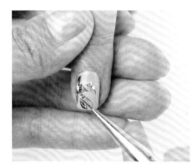

06 在甲面上涂抹一层封层胶，并照灯固化，然后在甲沟处涂抹营养油，并按摩至完全吸收。

4. 彩绘几何图案造型

准备材料

酒精（75%）、粉尘刷、锉条、死皮剪、死皮推、海绵抛、营养油、死皮软化剂、棉片、清洁啫喱水、底胶、封层胶、甲油胶、干燥剂、小笔、彩绘胶、光疗延长胶和钢珠。

注意事项

① 注意颜色搭配技巧。

② 注意彩绘和饰品的结合运用。

操作流程

从手的消毒到为指甲上底胶的方法与前面相同（见"平面豹纹造型"实例中的步骤01~05），这里就不再赘述。下面讲解为指甲上底胶后的操作方法。

01 在甲面上涂抹一层红色甲油胶，并照灯固化。为了使颜色更加饱满，可以重复操作一次。

02 用小笔蘸取黑色彩绘胶，在甲面左上角绘制出一个正方形轮廓，然后为其填充颜色，并照灯固化。如果颜色不够饱满，可以重复操作一次。

03 用小笔蘸取黑色彩绘胶，在右下角以同样的方法绘制一个正方形，并照灯固化。注意两个正方形应呈对角效果。

04 用小笔蘸取光疗延长胶，涂抹在四个正方形的交界点上，然后粘贴钢珠，并照灯固化。因为钢珠容易脱落，所以在粘贴完成后，需要用光疗延长胶对钢珠进行封边，并照灯固化。

05 在甲面上涂抹封层胶，并照灯固化，然后在甲沟处涂抹营养油，并按摩至完全吸收。

5. 英式彩绘格子造型

准备材料

酒精（75%）、粉尘刷、锉条、死皮剪、死皮推、海绵抛、营养油、死皮软化剂、棉片、清洁啫喱水、底胶、封层胶、甲油胶、干燥剂、小笔和彩绘胶。

注意事项

① 注意美甲小笔的使用技巧。

② 注意线条的流畅度和粗细。

③ 线条要保持干净。

操作流程

从手的消毒到为指甲上底胶的方法与前面相同（见"平面豹纹造型"实例中的步骤01~05），这里就不再赘述。下面讲解为指甲上底胶后的操作方法。

01 在甲面上涂抹一层红色甲油胶，并照灯固化。为了使颜色更加饱满，可以重复操作一次。

02 用小笔蘸取黑色彩绘胶，在甲面根部绘制横向线条，线条可以适当粗一点儿，然后在指尖的位置绘制一条横向的线条，并照灯固化。如果颜色不够饱满，可重复操作一次。

03 用小笔在甲面右侧绘制出竖向的线条，和横向线条粗细一致。然后在甲面中心位置绘制出一条细一些的竖向线条，并照灯固化。

04 用小笔蘸取金色彩绘胶，在甲面中心位置绘制一条横向的线条，然后在指尖的位置再绘制一条横向的线条，接着在甲面左侧绘制一条金色的竖向线条，最后照灯固化。

 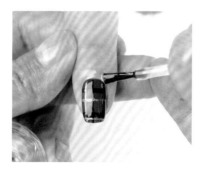 

05 在甲面上涂抹封层胶，并照灯固化，然后在甲沟处涂抹营养油，并按摩至完全吸收。

10

雕花甲的基础知识与造型

一、雕花甲的基础知识

1. 雕花甲的概念

雕花甲是在指甲表面运用雕花材料雕刻具有立体感的造型。常见的材料有雕花粉和雕花胶。雕花粉遇空气会自动凝固，而雕花胶必须使用光疗灯照射才会凝固。雕花甲质地坚硬，立体感强，在指甲上保持的时间较长。

2. 雕花练习工具和使用技巧

雕花练习的主要工具：黑色练习册、白色雕花粉、雕花笔、水晶液。

因为雕花粉遇到水晶液会自动凝固，所以前期可以选择慢干型水晶液，先将水晶粉固定成一个小圆球，再用雕花笔进行按压。

第1步：右手以握毛笔的方式紧握雕花笔，蘸取水晶液，接着用浸湿后的水晶笔蘸取水晶粉，使水晶粉呈小圆球状。

第2步：将水晶粉垂直放到练习册上拉成倒水滴状，然后在反方向将雕花笔倾斜45°，笔尖对准雕花粉进行按压，为了防止手抖，可以将手支撑在练习册上。

二、雕花的基础练习

1. 平面叶子

01 用雕花笔蘸取适量的水晶液和水晶粉，堆成一个小圆球。

02 在一端拉出一个小尖，类似倒水滴状。

03 在反方向用笔尖对准水滴轻轻按压。注意在按压时先按压中间再按压两边。

04 大致成形后用笔尖轻扫两边即可。

2. 桃心

01 用雕花笔蘸取适量的水晶液和水晶粉，堆成一个小圆球。

02 在一端拉出一个小尖，类似倒水滴状。

03 在另一边用同样的手法拉出倒水滴状，将两个形状组合在一起，便形成桃心图案。

3. 圆五瓣花

01 用雕花笔蘸取适量的水晶液和水晶粉，堆成一个小圆球，水晶液和水晶粉的取量一定要均匀，水晶液一定要将水晶粉浸湿，如果水晶粉散成粉末状是不能成形的。

02 在小圆球一端拉出一个小尖，类似倒水滴状。

03 用笔尖轻轻往后压，使其形成一片散开的花瓣。

04 采用同样的方法制作第二片花瓣，紧挨着第一片花瓣，中间留出一点空隙。

05 采用同样的方法制作出其他花瓣，形成一朵完整的五瓣花。

06 在花瓣的缝隙处按压出叶子。

07 叶子的多少可以根据画面的需要而定，然后加上线条，贴上水钻即可。

4. 草莓

01 用红色雕花粉堆出一个散开的倒水滴状。

02 用绿色雕花粉做出草莓的叶子。

03 用黑色雕花粉轻轻点出草莓上面的小黑点。

5. 紫荆花

01 用水晶粉堆成一个小圆球，在一端拉出一个小尖，类似倒水滴状。

02 在水滴状的另一端同样拉出一个小尖，然后用笔尖轻轻按压成花瓣，使其形成一个菱形。

03 采用同样的方法制作第二片花瓣，紧挨第一片花瓣，注意中间要留出空隙，不可重叠。

04 压出五片同等大小的花瓣，然后在空隙处做出大小不同的叶子。

05 用点钻笔取水钻并蘸取胶水，放于花瓣中心，在叶子处也可以用一些水钻进行简单的装饰。

6. 双层花

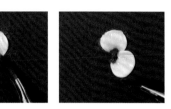

01 将水晶粉堆成一个小圆球。

02 将小圆球用笔尖轻轻往后压开，使其形成花瓣，在按压的过程中要保持外面宽、中间窄。

03 采用同样的方法按压出第二片和第三片花瓣，花瓣相互靠在一起，围成一个圆形。

04 采用同样的方法在第一层花瓣内制作第二层花瓣。

05 将第二层剩下的花瓣全部制作出来。

06 制作一个小圆球，放在第二层花瓣的中心，然后用笔尖在小圆球的中间戳一个小孔，接着放入适当的装饰品，如钢珠、水钻等。

07 在第一层花瓣的外围做一些叶子进行装饰。

7. 平面蝴蝶结

01 将水晶粉堆成一个小圆球。

02 将小圆球横向拉出一个小尖。

03 用笔尖向外按压，按压时笔尖不动，只需要转动笔头，把中间压空。

04 采用同样的方法制作右侧造型。

05 用水晶粉堆一个小圆球，放在中心点。

06 在中心点下面做出两个倒水滴状，作为蝴蝶结的丝带。

8. 立体蝴蝶结

01 将水晶粉堆成一个小圆球，并横向拉出一个小尖，类似横向的水滴状。

02 用笔尖将其往外压开，注意只压两侧，使中间自然凸起，体现立体感。可以在按压完成后，用笔尖轻轻挑起中间凸出部位。

03 采用同样的方法制作另一侧。制作时中间最好不要粘在一起，方便做蝴蝶结。

04 在中间部位放上一个小圆球，然后用笔尖在圆球中间轻轻按压，做出立体感。

05 在整个蝴蝶结下方做出一个倒水滴状造型，然后用笔尖在水滴的中间切开一个小口，并进行修边。

06 采用同样的方法制作另一边的丝带造型。最后可以粘贴一些水钻进行装饰。

9. 平面蝴蝶

01 用水晶粉做出一个横向的水滴状造型。

02 用笔尖进行按压，使其呈菱形。

03 用同样的方法制作一个相对的菱形。

04 采用同样的方法压出两个菱形作为蝴蝶的翅膀。

05 在翅膀的中间做出一个倒置的长水滴状造型，作为蝴蝶的身体。

06 在蝴蝶的头部拉出两个小的倒水滴状造型，作为蝴蝶的触须，线条要细。

三、甲片雕花造型

1. 甜美立体雕花

这款雕花甲造型以简单的圆球和金色钢珠为主要元素，属于经典的法式搭配，整体效果时尚、别致。

01 在甲面上涂抹底胶，并照灯固化。

02 在甲面上涂抹一层法式红色甲油胶，并照灯固化。为了使颜色更加饱满，可以重复操作一次。在制作法式效果时，微笑线要干净、流畅，两边的弧度要一致。

03 准备好白色雕花胶、雕花笔和钢推，然后用钢推凹陷的一面取出雕花胶，并将雕花胶放于手心，揉成一个小圆球。

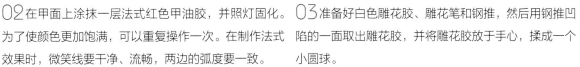

04 将揉好的雕花胶放到甲面微笑线中心，然后用雕花笔将雕花胶按压在整个甲面上，注意雕花胶不能超出甲面，整个雕花胶不宜太薄。形状塑造完成后用钢推将雕花胶轻轻按压出交叉线，注意不能太过用力，整体形状塑造完成后照灯固化。

05 用小笔蘸取光疗延长胶，涂抹在雕花上，然后用小笔将钢珠放置在所有交叉线上，注意钢珠的排列，接着照灯固化。

06 在甲面上涂抹一层免洗封层胶，并照灯固化。

2. 可爱立体雕花

可爱的水晶质感娃娃，立体感十足，是喜欢卡通造型的女性的最爱。

01 在甲面上涂抹底胶，并照灯固化。

02 在甲面上涂抹一层绿色甲油胶，并照灯固化。为了使颜色更加饱满，可以重复操作一次。

03 将圆球形的雕花胶放在甲面中心点上，然后用雕花笔将其按压开。如果想让效果更加立体，可以压得厚一点，完成后再照灯固化。每完成一个步骤都要先照灯固化，再进行下一步。

04 将紫色雕花胶放到白色雕花胶的正上面，紧挨着白色雕花胶，开始制作头发。然后用钢推将刘海按压出来，并照灯固化。因为雕花胶的质地比较柔软，所以在雕花的过程中，要准备一杯清洁啫喱水，便于及时清洁笔毛，笔毛不能沾胶，这样做出来的雕花才会更加精致。

05 用小笔蘸取黑色彩绘胶，将娃娃的眉毛、眼睛、睫毛分别画出来，然后照灯固化。

06 用小笔蘸取白色彩绘胶，画出眼白，并照灯固化。然后用粉色彩绘胶画出嘴巴，并照灯固化。

07 在整个甲面上涂抹免洗封层胶，并照灯固化。

3. 优雅蝴蝶结雕花

红色代表热情，富有女人味，搭配白色蝴蝶结，整体效果成熟中略带乖巧。

 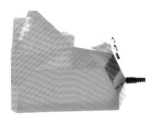

01 在甲面上涂抹底胶，并照灯固化。

02 在甲面上涂抹一层红色甲油胶，并照灯固化。为了使颜色更加饱满，可以重复操作一次。

03 准备好白色雕花胶，用雕花笔取出适量的雕花胶，放到甲面左上角，做出蝴蝶结的左边部分，然后照灯固化。

04 采用同样的方法做出蝴蝶结的右边部分，并照灯固化，注意布局。

05 用雕花笔取出雕花胶，放到蝴蝶结的中心点，然后照灯固化，接着在整个甲面上涂抹免洗封层胶，并照灯固化。

4. 蕾丝雕花

这款美甲造型以黑色为底色，搭配白色水晶蕾丝雕花，非常有个性，整体效果精致时尚。

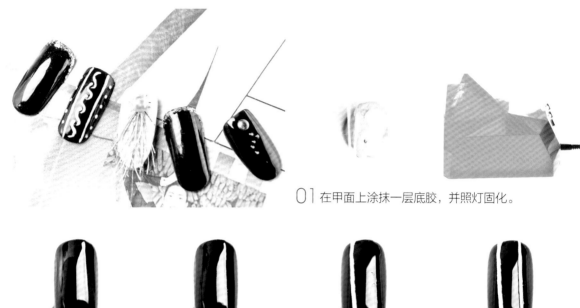

01 在甲面上涂抹一层底胶，并照灯固化。

02 在甲面上涂抹一层黑色甲油胶，并照灯固化。为了使颜色更加饱满，可以重复操作一次。

03 取出白色雕花胶，用手心搓成一条直线，然后用雕花笔将其放置在甲面左边靠近边缘的位置，并照灯固化。采用同样的方法在右边做出一条直线，并照灯固化。

04 制作中间的S形图案。取出雕花胶，放在手心搓成一条直线，然后放甲面上摆出S形，并照灯固化。采用同样的方法做出其他的S形，注意相互之间的衔接，每完成一个都要照灯固化以后再做下一个。

05 用雕花胶在指甲边缘的位置点出小圆点，并照灯固化。

06 整体完成后，在甲面上涂抹一层免洗封层胶，并照灯固化。

5. Kitty猫立体雕花

紫色和白色搭配，优雅中带点儿可爱，Kitty猫造型给人一种萌萌的感觉。相信这款美甲造型一定会是甜美、可爱的女性的最爱。

 01 在甲面上涂抹底胶，并照灯固化。

 02 在甲面上涂抹一层紫色甲油胶，并照灯固化。为了使颜色更加饱满，可以重复操作一次。

  03 准备好白色雕花胶，揉成一个小圆球，放到甲面上，然后用雕花笔轻轻按压出猫的脑袋，并照灯固化。用同样的方法压出猫的两只耳朵，并照灯固化。

 04 用雕花胶压出猫的蝴蝶结造型，并照灯固化，然后做出围巾，并照灯固化。在塑造形状的时候，如果雕花胶粘不牢固，可以适当蘸取一点儿封层胶。为了让造型更精致，每完成一步都需要照灯固化，再操作下一步。

 05 给猫整体上色，所以需要准备一支小笔和红色甲油胶。在猫的围巾部位和蝴蝶结部位涂满红色甲油胶，这样看上去更加逼真。然后照灯固化。

 06 用小笔蘸取黑色甲油胶，画出猫的眼睛和胡须。然后蘸取黄色甲油胶，画出嘴巴，接着照灯固化。

 07 在甲面上涂抹免洗封层胶，并照灯固化。

6. 蓝色海洋雕花

先用白色和蓝色做出渐变的底色效果，表现出海洋的感觉，然后采用雕花的方式做出水母和水草，让整个指甲更加生动。

01 在甲面上涂抹一层底胶，并照灯固化。

02 在甲面上涂抹一层蓝色甲油胶，注意蓝色甲油胶只涂抹在甲片2/3的位置，然后在剩余部分涂抹一层白色甲油胶，不用照灯，接着用渐变笔将蓝色和白色分界线晕开，再照灯固化。为了使颜色更加饱满，可以重复操作一次。

03 取出黄色雕花胶，将其揉成圆球状放在甲面上，然后用雕花笔将其按压成水母造型，并照灯固化。注意雕花胶不能按压得太薄。

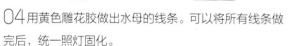

04 用黄色雕花胶做出水母的线条。可以将所有线条做完后，统一照灯固化。

05 采用同样的方法再做一只水母，并照灯固化。注意两个水母之间的位置和整体的布局。

06 在甲面上涂抹一层封层胶，并照灯固化。

7. 立体鸡蛋雕花

这款雕花美甲造型比较简约，整体以白色为主，搭配时尚的饰品，再以鸡蛋雕花造型作为点睛之笔，表现出精致、可爱的效果。

01 在甲面上涂抹一层底胶，并照灯固化。

02 在甲面上涂抹一层白色甲油胶，并照灯固化。为了使颜色更加饱满，可重复操作一次。

03 准备好白色雕花胶、雕花笔和钢推。用钢推凹陷面取出雕花胶，然后将雕花胶放在手心揉成一个小圆球。

04 将揉好的雕花胶放到甲面中心，然后用雕花笔将其按压在整个甲面上，做出蛋白的形态。注意整个雕花胶不宜太薄。形状塑造完成后，用雕花笔在蛋白的中心点戳出一个小圆洞，然后照灯固化。

05 取出黄色雕花胶，搓成一个小圆球，放到蛋白凹陷处，然后用雕花笔将蛋白和蛋黄的交界处按压均匀，接着照灯固化。

06 在甲面上涂抹一层免洗封层胶，并照灯固化。

8. 粉色多层雕花

白色是非常优雅大方的颜色，搭配粉色雕花，既甜美又不失精致，非常适合作为新娘甲。

 01 在甲面上涂抹底胶，并照灯固化。

 02 在甲面上涂抹一层裸色甲油胶，并照灯固化。为了使颜色更加饱满，可以重复操作一次。

03 取出白色雕花胶，揉成圆球状，放在甲面的右下方，然后用雕花笔的笔腹往外压成扁圆花瓣。注意由花蕊往花瓣外侧应呈现由薄变厚的感觉，这样的花立体感更强。每一片花瓣都采用同样的方法制作，接着照灯固化。

04 采用同样的方法做出里面的一层花瓣，并照灯固化。然后做出叶子，并照灯固化。

05 用小笔蘸取粉色甲油胶，涂抹在雕花上，将其变成粉色，然后照灯固化。也可以直接使用粉色雕花胶来制作。

06 在整个甲面上涂抹免洗封层胶，并照灯固化。

9. 单色白云雕花

蓝色代表天空，因此底色以蓝色为主，云朵雕花造型以白色为主，呈现出蓝天白云的效果，整体造型清爽、干净。

01 在甲面上涂抹一层底胶，并照灯固化。

02 在甲面上涂抹一层蓝色甲油胶，并照灯固化。重复操作一次，使颜色更加饱满。

03 用雕花笔取适量的白色雕花胶，在甲面上堆出一个圆球，然后用雕花笔轻轻按压出白云的形态，注意不能压得太薄。采用同样的方法做出其他的云朵，注意布局。然后照灯固化。

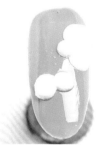

04 采用同样的方法再做出几朵白云，并照灯固化。

05 在整个甲面上涂抹免洗封层胶，并照灯固化。

10. 圆五瓣平面雕花

这款美甲造型采用金色和白色搭配，圆五瓣花造型更是百看不厌。这款美甲特别适合作为新娘甲。

01 在甲面上涂抹底胶，并照灯固化。

02 在甲面上涂抹一层金色甲油胶，并照灯固化。为了让颜色更加饱满，可以重复操作一次。

03 取出适量的白色雕花胶，在手心揉成一个圆球，然后放到甲面中心位置，接着用雕花笔将其按压成倒水滴状，作为花瓣，并照灯固化。采用同样的方法沿甲面边缘做出其他的花瓣，围绕成一个椭圆。

 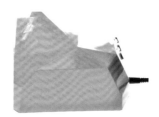  

04 用小笔蘸取光疗延长胶，涂抹在整个甲面的中心处，然后将金色钢珠粘贴到每片花瓣的尖端，并照灯固化。接着用小笔蘸取光疗延长胶，对一圈钢珠进行包边，使钢珠粘贴得更加牢固。

05 在甲面上涂抹一层免洗封层胶，并照灯固化。

11. 立体爱心雕花

这款美甲造型采用雕花和贴纸搭配，整体效果非常时尚。简单的红色立体爱心让整个指甲富有活力。

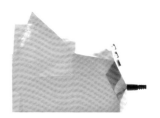

01 在甲面上涂抹底胶，并照灯固化。

02 在甲面上涂抹一层乳白色甲油胶，并照灯固化。为了使颜色更加饱满，可以重复操作一次。

03 用小笔蘸取金色彩绘胶，围绕甲面边缘进行勾绘，并照灯固化。

04 用雕花笔取出白色雕花胶，揉成一个圆球放到甲面中心，然后用雕花笔将其按压成一个心形，并照灯固化。

05 用红色甲油胶涂抹整个心形，并照灯固化，让白色的心形变成红色。也可以直接用红色雕花胶制作。

06 准备好金色链条，用小笔蘸取光疗延长胶，沿心形的边缘涂抹，然后将链条沿着边缘进行包裹，包裹后用光疗延长胶封边，让其更加牢固，然后照灯固化。

07 整体完成后在红色心形上贴上贴纸，然后涂抹一层封层胶，并照灯固化。

12. 多色平面雕花

这款美甲造型以黑色为底色，再以红、黄、蓝、绿进行雕花搭配，非常适合冬季搭配大衣或者厚厚的毛衣。

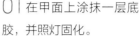

01 在甲面上涂抹一层底胶，并照灯固化。

02 在甲面上涂抹一层黑色甲油胶，并照灯固化。为了使颜色更加饱满，可重复操作一次。

03 用雕花笔蘸取水晶液，再蘸取白色雕花粉，然后将其放到甲面上，并用雕花笔勾画出花形，接着将黄色带有亮粉的甲油胶涂抹到白色雕花上。其他的花瓣采用同样的方法制作。

04 在甲面上涂抹一层封层胶，并照灯固化。

13. 磨砂立体雕花

这款美甲造型给人一种小清新的感觉，可以用雕花胶制作，也可以用水晶粉制作。磨砂材质的运用让整体造型更有质感。

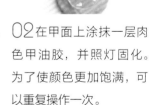

01 在甲面上涂抹底胶，并照灯固化。

02 在甲面上涂抹一层肉色甲油胶，并照灯固化。为了使颜色更加饱满，可以重复操作一次。

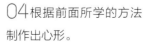

03 横向绘制线条，并照灯固化。为了使颜色更加饱满，可重复操作一次。然后在甲面上涂抹磨砂封层胶，并照灯固化。

04 根据前面所学的方法制作出心形。

14. 立体蝴蝶结雕花

这是一款立体雕花美甲造型，操作简单，颜色搭配清爽，整体效果非常淑女、可爱。

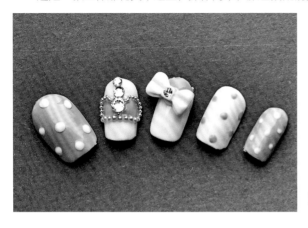

○1 在甲面上涂抹底胶，并照灯固化。

   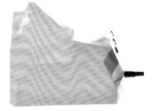

○2 在甲面上涂抹一层白色甲油胶。为了使颜色更加饱满，可以重复操作一次。

○3 在甲面上涂抹一层粉色甲油胶，做出法式效果。为了使颜色更加饱满，可以重复操作一次。

○4 将白色雕花胶取出后揉成小圆球，放到甲面上粉色和白色的交界处，然后用雕花笔将其按压成花瓣状，并照灯固化。采用同样的方法制作另外一边，这样就制作好了蝴蝶结。

○5 蝴蝶结制作完成后，在中心处贴上饰品，并照灯固化。在贴饰品的时候可以使用专业饰品胶水，也可以使用光疗延长胶。然后整体涂抹一层免洗封层胶，并照灯固化。

15. 立体卡通雕花

这款美甲造型是将雕花与手绘相结合，整体效果立体感十足，既精致又可爱。

0 1 在甲面上涂抹底胶，并照灯固化。

02 在甲面上涂抹一层白色甲油胶，并照灯固化。为了使颜色更加饱满，可以重复操作一次。

03 取出白色雕花胶放在手心搓成半月牙状，再放到甲面上，然后用雕花笔做出牛的头部。采用同样的方法做出两个牛角。

04 在整个雕花的部分涂抹蓝色甲油胶，并照灯固化。注意甲油胶不能弄到甲面上，可以使用小笔蘸取甲油胶，进行涂抹。

05 用钢珠笔蘸取白色彩绘胶，然后在蓝色雕花上点出小圆点，并照灯固化。注意圆点要大小不一，这样看起来更加生动。

06 用钢珠笔蘸取黑色彩绘胶，画出眼睛，再用小笔蘸取粉色彩绘胶，画出腮红，接着用黄色彩绘胶，画出嘴巴，然后照灯固化。

07 在整个甲面上涂抹免洗封层胶，并照灯固化。

四、雕花甲造型实例

1. 平面五瓣雕花

准备材料

酒精（75%）、粉尘刷、锉条、死皮剪、死皮推、海绵抛、营养油、死皮软化剂、棉片、清洁啫喱水、底胶、封层胶、甲油胶、干燥剂、小笔、雕花胶、雕花笔和饰品。

注意事项

① 要灵活运用各种材质制作雕花。

② 用雕花胶进行造型时，每完成一步均需照灯固化，再进行下一步。

操作流程

01 做好准备工作，用酒精对工具和双手进行消毒。

02 根据顾客的手形、甲形，以及个人喜好，用美甲锉条修饰出合适的甲形，注意持握锉条的方法，不能打磨到皮肤。

03 将软化剂涂抹在甲沟处，待死皮软化后，使死皮推与甲面约呈 45° 角，从甲面推向甲沟，然后用死皮剪将死皮剪掉。注意软化剂不能直接涂抹到甲面，用钢推或者死皮剪的时候不能损伤皮肤。死皮一定要全部修剪干净。

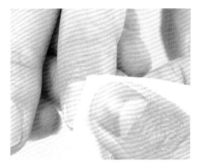

04 用海绵抛打磨甲面使甲面粗糙，增加附着力，然后用粉尘刷扫掉多余的粉尘。接着用棉片蘸取清洁啫喱水，擦洗甲片粉尘。

05 在整个甲面上涂抹干燥剂以增加附着力，让甲油胶黏合得更牢固。待其干后在甲面上涂抹底胶，并照灯1分钟。

06 在甲面上涂抹一层肉色甲油胶，并照灯固化。为了使颜色更加饱满，可以重复操作一次。

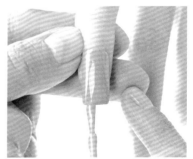

  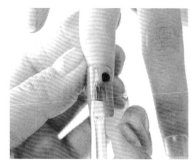

07 取出适量的黑色雕花胶，揉成小圆球放到甲面上，然后用雕花笔将其按压成倒水滴状，作为花瓣，并照灯固化。在按压雕花胶的时候注意甲面布局。

08 采用同样的方法雕出其他花瓣，然后在甲面涂抹一层免洗封层胶，并照灯固化。

09 用小笔蘸取光疗延长胶，涂抹在需要粘贴饰品的位置，粘贴饰品并照灯固化。也可以使用专业的饰品粘贴胶水粘贴饰品。

10 在甲沟处涂抹营养油，并按摩至完全吸收。

2. 蝴蝶结外雕

准备材料

酒精（75%）、粉尘刷、锉条、死皮剪、死皮推、海绵抛、营养油、软化剂、棉片、清洁啫喱水、底胶、封层胶、甲油胶、干燥剂、小笔、雕花胶、雕花笔、雕花粉、黑色蕾丝、水晶环、光疗延长胶和钻石饰品。

注意事项

① 贴纸粘贴后不能起翘。

② 粘贴完成后可用加固胶进行加固处理。

操作流程

从手的消毒到为指甲上底胶的方法与前面相同（见"平面五瓣雕花"实例中的步骤01~05），这里就不再赘述。下面讲解为指甲上底胶后的操作方法。

01 在甲面上涂抹一层白色甲油胶，并照灯固化。为了使颜色更加饱满，可以重复操作一次。

02 准备好黑色蕾丝、蓝色雕花粉、雕花笔、水晶液和水晶杯。

03 将黑色蕾丝用镊子粘贴到甲面上，然后用剪刀将多余的部分剪掉。如果蕾丝粘不牢固，可以先在甲面上涂抹一层饰品专用胶水，或者涂抹光疗延长胶。注意蕾丝两边不能起翘。

04 用光疗笔蘸取光疗延长胶，涂抹在甲面上，并照灯固化。这样可以使蕾丝粘贴得更加牢固，不起翘。

05 用棉片将甲面上的浮胶擦洗干净，然后用雕花笔蘸取水晶液，再蘸取蓝色雕花粉，待其呈倾斜的水滴状后将其放到甲面上，并按压成花瓣。另一边也采用同样的方法进行按压。

06 制作完成后用小笔蘸取光疗延长胶，涂抹在蝴蝶结的中间，然后用点钻笔将钻石粘贴在蝴蝶结中心，并照灯固化。接着用小笔蘸取光疗延长胶，对钻石进行包边。

07 在甲面上涂抹一层封层胶，并照灯固化，然后在甲沟处涂抹营养油，并按摩至完全吸收。

3. 双色玫瑰外雕

准备材料

酒精（75%）、粉尘刷、锉条、死皮剪、死皮推、海绵抛、营养油、死皮软化剂、棉片、清洁啫喱水、底胶、封层胶、甲油胶、干燥剂、小笔、雕花粉、雕花笔、光疗延长胶、水晶液和饰品。

注意事项

① 注意整体甲面布局的方法。

② 注意饰品和颜色的搭配技巧。

操作流程

从手的消毒到为指甲上底胶的方法与前面相同（见"平面五瓣雕花"实例中的步骤01~05），这里不再赘述。下面讲解为指甲上底胶后的操作方法。

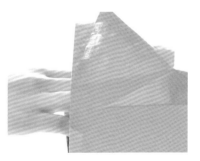

01 在甲面上涂抹一层红色甲油胶，并照灯固化。为了使颜色更加饱满，可以重复操作一次。

02 在指尖位置涂抹一层蓝色甲油胶，做出渐变的效果，然后照灯固化。为了使颜色更加饱满，可以重复操作一次。

03 用水晶笔蘸取水晶液，再蘸取水晶粉，水晶粉要呈水滴状，水晶笔上的水晶粉必须完全浸湿。

04 将水晶粉放到甲面上进行雕花，用水晶笔按压水晶粉做出第一片花瓣。采用同样的方法再做出两片花瓣，注意相互之间的位置，水晶粉会自动固化所以不需要照灯。

05 采用同样的方法做出里面的花瓣和花蕊，然后用水晶笔的笔尖在花蕊中间戳一个小孔。

06 用雕花笔雕出叶子，再用光疗笔蘸取光疗延长胶，涂抹在甲根处粘贴饰品。接着用小笔蘸取光疗延长胶，在边缘处封边，然后照灯固化。

07 在甲面上涂抹封层胶，并照灯固化。然后在甲沟处涂抹营养油，并按摩至完全吸收。

4. 多层玫瑰雕花

准备材料

酒精（75%）、粉尘刷、锉条、死皮剪、死皮推、营养油、死皮软化剂、棉片、清洁啫喱水、底胶、封层胶、甲油胶、干燥剂、小笔、雕花粉、雕花笔、光疗延长胶、水晶液和饰品。

操作流程

从手的消毒到为指甲上底胶的方法与前面相同（见"平面五瓣雕花"实例中的步骤01~05），这里就不再赘述。下面讲解为指甲上底胶后的操作方法。

01 在甲面上涂抹一层红色甲油胶，并照灯固化。为了使颜色更加饱满，可以重复操作一次。

02 用水晶笔蘸取水晶液，再蘸取水晶粉，在甲面进行雕花，和雕玫瑰花的手法一样，注意甲面的布局。

03 采用同样的方法再雕一朵玫瑰花，然后用小笔蘸取光疗延长胶，涂抹在甲面上并粘贴饰品，进行点缀。接着用小笔蘸取光疗延长胶，对饰品进行包边。

04 在甲面上涂抹一层封层胶，并照灯固化。然后在甲沟处涂抹营养油，并按摩至完全吸收。

5. 双层五瓣花外雕

准备材料

酒精（75%）、粉尘刷、锉条、死皮剪、死皮推、海绵抛、营养油、死皮软化剂、棉片、清洁啫喱水、底胶、封层胶、甲油胶、干燥剂、小笔、点钻笔、雕花胶、雕花笔、光疗延长胶和珍珠饰品。

操作流程

　　从手的消毒到为指甲上底胶的方法与前面相同（见"平面五瓣雕花"实例中的步骤01~05），这里就不再赘述。下面讲解为指甲上底胶后的操作方法。

01 在甲面涂抹一层黑色甲油胶，并照灯固化。为了使颜色更加饱满，可以重复操作一次。然后在甲面涂抹一层免洗封层胶，并照灯固化。

02 用雕花笔取出适量的雕花胶，放到甲面上进行雕花，并照灯固化。每一片花瓣雕完后先照灯固化，再制作下一片花瓣。

03 第一层花瓣制作完成后，采用同样的方法制作第二层花瓣，注意第二层比第一层小。

04 用光疗笔蘸取光疗延长胶，涂抹在甲面上，然后用点钻笔取珍珠，将其放到花蕊和甲面上，并照灯固化。接着用小笔蘸取光疗延长胶，对饰品进行封边，再照灯固化。

05 在甲沟处涂抹营养油，并按摩至完全吸收。

11

卸甲的方法和技巧

一、卸甲的基础知识

美甲可以让指甲变得更加美丽，但是这种美丽不能长时间保持，如果甲油胶开始脱落，那么就意味着应该卸甲了。卸甲是对指甲上的细菌和甲面的残留物进行清理的过程，也是为下一次美甲做的准备。卸甲一般需要到美甲店由专业的美甲师来操作，不能自行处理，否则会对指甲造成一定程度的伤害。

卸甲的产品一般分为两种。

卸甲包：用于卸除本甲的甲油胶，特点是专业、干净，用于一次性卸甲。

锡箔纸：用于各类延长指甲的卸除，特点是专业，可以多次使用。采用锡箔纸的卸甲方式需要用棉片或棉花进行包裹。

二、卸甲操作流程

1. 甲油胶卸除

准备材料

酒精（75%）、粉尘刷、锉条、海绵抛、死皮推、棉片、清洁剂和一次性卸甲包。

注意事项

① 掌握一次性卸甲包的使用方法。

② 掌握甲油胶的卸除技巧。

③ 必须将指甲表面的封层胶全部打磨掉，但不能磨到本甲甲面。

操作流程

01 用酒精对双手和工具进行消毒。

02 用锉条对指甲表面进行打磨，打磨时力度要轻，速度要慢，甲面所有位置必须全部打磨到位，直至将所有封层胶全部打磨掉。注意不能打磨到皮肤。

03 用粉尘刷扫掉多余的粉尘，然后拿出一次性卸甲包，沿虚线位置撕开并包裹指甲，待5分钟后取掉卸甲包。注意一定要包紧才能让卸甲包里面的卸甲棉片贴在甲面上。

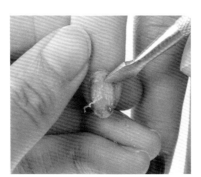

04 去掉卸甲包后，用钢推轻轻推掉甲面上的甲油胶。如果出现推不动或者推不掉的情况，则需要用锉条对甲面进行再次打磨，并用卸甲包包裹几分钟，直至能将整个甲面上的甲油胶全部清除。

05 在整个甲油胶卸除后，用海绵抛将指甲表面打磨光滑，然后用棉片进行清洁即可。

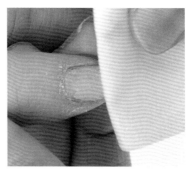

2. 贴片甲卸除

准备材料

酒精（75%）、粉尘刷、海绵抛、锉条、死皮推、棉片、清洁剂、锡箔纸和卸甲水。

注意事项

① 所有延长甲都是用锡箔纸卸除的。

② 注意打磨力度，并且要打磨均匀。

③ 如果一次卸不掉则需要继续打磨，并再次包裹卸甲包，直至全部卸除。

④ 锡箔纸包裹的时间大约为10分钟，包裹时不要太松，以免卸甲水挥发。

⑤ 不能长时间打磨一个地方，一定要打磨均匀。

操作流程

01 用酒精对双手和工具进行消毒。

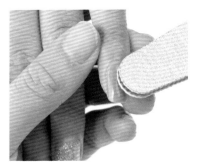

02 用锉条对指甲表面进行打磨，打磨时力度要轻，速度要慢，甲面所有位置必须全部打磨到位，直至将所有甲油胶全部打磨掉。

03 用粉尘刷扫掉多余的粉尘，然后用棉片蘸取卸甲水，按压在指甲表面，接着用锡箔纸包裹10分钟。注意一定要包紧，卸甲水的量要适中，棉片要贴到甲面上。

  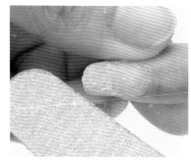

04 去掉锡箔纸，用钢推将指甲表面的延长甲卸除掉。如果有卸除不干净的部分，则需要重复前面的操作，直至全部卸除。

 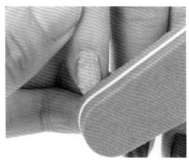 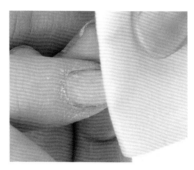

05 用粉尘刷清洁甲面，然后用海绵抛打磨，接着用棉片清洁，最后进行基础护理。如果顾客需要继续做美甲，可按照正常美甲流程进行操作；如果不需要，做完基础护理即可。

3. 饰品卸除

准备材料

酒精（75%）、粉尘刷、锉条、死皮推、棉片、清洁剂、锡箔纸、卸甲水和死皮剪。

注意事项

① 饰品可用死皮剪（建议使用废弃的死皮剪，以免浪费）卸除，或者用专业的卸除剪刀。

② 卸除饰品的过程中不能用力拉扯，这样容易伤到指甲。正确的做法是一边用剪刀修剪边缘的胶水，一边涂抹解胶剂软化胶水。

③ 卸除完饰品后需要用锉条进行打磨，打磨完成后如果是本甲的甲油胶则直接用卸甲包卸除，如果是各类延长胶则需要用锡箔纸和卸甲水进行包裹卸除。

④ 打磨时力度要轻，速度要慢，必须将甲面全部打磨到位，直至将所有甲油胶打磨掉。

操作流程

01 用酒精对工具和双手进行消毒。

02 用死皮剪从边缘入手，剪掉多余的光疗模型胶，将甲面的饰品剪掉。注意必须一颗一颗地修剪，不能硬扯。

03 剪掉甲面的饰品后，用锉条将甲面的封层胶全部打磨掉，然后用棉片蘸取卸甲水，紧贴在甲面上，并用锡箔纸包裹10分钟。

04 去掉锡箔纸，用钢推将指甲表面的延长甲卸除，如果有卸除不干净的地方则需要重复前面的操作，直到全部卸除干净为止。

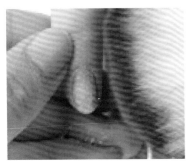 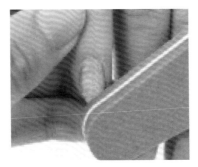 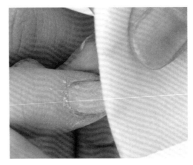

05 用粉尘刷清洁指甲表面，然后用海绵抛打磨，接着用棉片清洁，最后进行基础护理。

4. 光疗雕花卸除

准备材料

酒精（75%）、粉尘刷、锉条、死皮推、棉片、清洁剂、锡箔纸和卸甲水。

注意事项

① 卸除光疗雕花的方法是先将甲面的雕花卸除干净，然后按照正常的卸甲方法进行处理。

② 在卸除雕花的时候，需要用锉条直接将甲面的雕花部分打磨掉，注意不能长时间打磨同一个地方。

③ 将雕花打磨完成后，如果是本甲的甲油胶，则直接用卸甲包卸除，如果是各类延长胶，则需要用锡箔纸和卸甲水进行包裹来卸除。

④ 打磨时力度要轻，速度要慢，必须将甲面全部打磨到位，直至将所有甲油胶打磨掉。

操作流程

01 用酒精对工具和双手进行消毒。

02 用锉条打磨甲面的雕花部分，注意不能打磨到皮肤。因为雕花比较坚硬牢固，所以打磨的时间会比较长。要先将雕花打磨完再打磨光疗甲，这样才能卸除干净。

03 用锉条将甲面的光疗胶打磨掉，然后将棉片放在甲面上并倒上卸甲水，接着用锡箔纸包裹10分钟。

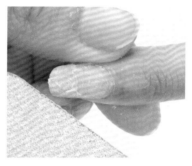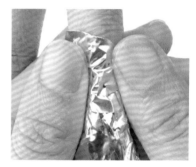

04 去掉锡箔纸，用钢推将指甲表面的延长甲卸除。

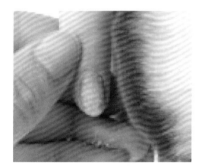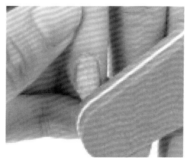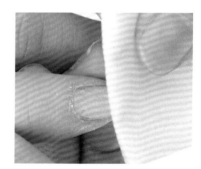

05 用粉尘刷清洁甲面，然后用海绵抛打磨，接着用棉片清洁，最后进行基础护理。

12

手足护理的基础知识与方法

一、手部护理

1. 手部护理基础知识

都说手是女人的第二张脸，所以对于双手的呵护至关重要，也需要有足够的耐心。护理也是美容的一部分，如果忽视手部的护理，手部皮肤会干燥起皱，脱皮老化，指甲失去光泽，这会极大地影响一个人的整体形象。因此，重视手部护理才能拥有一双温润的玉手。

◎ 手部护理产品

手部清洁霜：用于清洁手部，促进血液循环，常见的有泡沫型和微泡型两种，可根据顾客需求进行选择。

手部角质啫喱：用于去除老化角质，改善手部粗糙现象，滋润皮肤，市面上有面霜型和颗粒状两种，美甲店多用颗粒状。

按摩霜：具有调气和血，促进血液循环，延缓衰老的功效。

手膜：手膜的名称不同，功效也不一样，可以根据顾客的需求进行选择。

手霜：具有滋润、美白、保湿、防干裂的功效，夏季可使用清爽型，冬季可使用油分偏多的类型。

◎ 手部穴位认识

手掌分布着近百个穴位，经常按摩手部，刺激手掌穴位可以有效促进手部的血液循环，疏通经络，促进新陈代谢，达到养生保健的目的。按摩手部还可以增强手部关节的功能，使其保持灵活性。

◎ 手部护理小贴士

① 每星期做两次手部肌肤深层清洁，可以美白肌肤，清除死皮，促进新陈代谢。

② 用手膜包裹10分钟，通过热力使手部肌肤更好地吸收营养，令双手更加柔滑润泽。

③ 每天早晚涂抹护手霜可保持双手细嫩。在涂抹护手霜的同时按摩双手，可以补充双手因皮脂腺较少而缺乏的水分和养分。白天可以选用具有防晒效果的护手霜，隔离紫外线的伤害；夜间则改用吸收能力较强的手部润肤霜，让双手得到更多的滋润。

2. 手部护理方法

准备材料

手部护理产品一套、一次性保鲜膜、专业手部护理加热手套、一次性棉巾、面盆和一次性盆套。

操作重点

① 熟记所有护理产品的作用和特点。

② 掌握护理方法和技巧。

③ 掌握按摩力度的轻重。

注意事项

① 手部预防干裂的护理手法和手部美白的护理手法一样，只是产品不一样。

② 一般是先做护理再做美甲。

操作流程

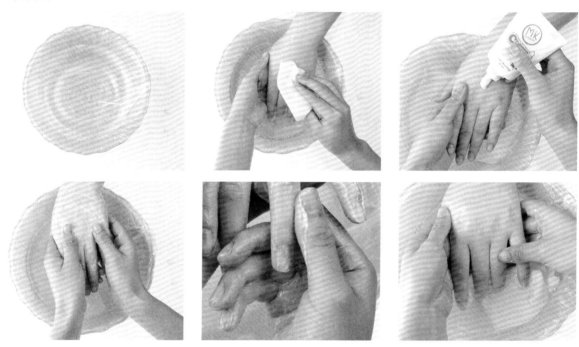

01 准备好所有工具和产品，将顾客的双手放于温水中浸泡1分钟，再将双手擦干。接着在手部涂抹清洁霜进行清洁，注意以打圈的方式进行涂抹，时间控制在3分钟以内，清洁完成后用清水清洗并擦干。

02 以打圈的方式在手背及手指关节处涂抹去角质霜，清理角质，然后用清水清洗手部并擦干。市面上的去角质霜种类较多，一般选用磨砂角质霜。

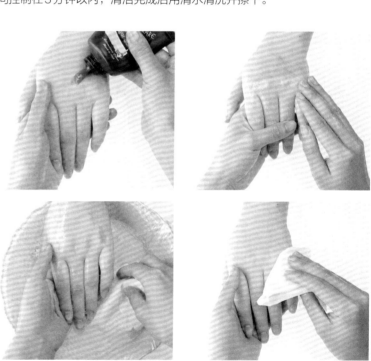

03 将按摩膏均匀涂抹在手背及手指关节处，然后用双手以打圈的方式对手背进行按摩，接着用大拇指的指腹对每个关节进行按摩。

04 用食指和中指的第一个关节拉住顾客的手指，轻轻地上下来回按摩。

05 将食指和中指放在顾客手指下方，轻轻地来回按摩2~3遍。

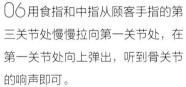

06 用食指和中指从顾客手指的第三关节处慢慢拉向第一关节处，在第一关节处向上弹出，听到骨关节的响声即可。

07 从小指向大拇指来回按摩3次，然后整体按摩手部。

08 用左手握住顾客的腕关节，右手五指张开与顾客的手指交叉，手掌合拢，然后进行顺时针和逆时针方向的来回摆动按摩，接着用自己的掌腹轻轻撞击顾客的手掌，听到响声则达到按摩效果。

09 用大拇指的指腹在顾客手掌的穴位处进行按摩，缓解顾客的疲劳。手掌上有很多穴位，一般可在手掌大小鱼际处和手掌中心处进行按摩，注意按摩时的力度不宜太重，可以根据顾客的承受力进行调整。

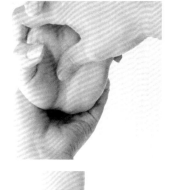

10 穴位按摩结束后进行手部"放血"，注意"放血"时每个手指一定要放干净。用一只手拉住顾客的手腕，然后用另一只手从顾客的手指推按至手腕，并停留30秒左右，等到手部变白，再轻轻松开双手即可。

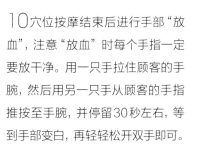

11 给顾客的手部涂抹手膜，涂抹要均匀，然后戴上一次性保鲜膜，接着戴上手套并加热，等待10~15分钟，让产品更好地吸收。

12 取掉保鲜膜，然后用清水清洗，接着涂抹手霜，并按摩至完全吸收。

二、足部护理

1. 足部护理基础知识

足部护理是一个新兴的服务行业，随着人们生活水平的提高，越来越多的人开始重视足部健康。据2012年行业数据统计显示，中国足疗店和修脚店有5万家以上，从业人员有150多万，且市场需求越来越大。

足部是人的第二心脏，因此足部的护理至关重要。足部的保养其实并不复杂，像呵护脸部一样呵护足部即可。最简单的方式是每天用热水泡脚，因为脚是离心脏最远的部位，天冷时脚部血管收缩，容易诱发多种疾病，用热水泡脚可以改善局部血液循环，促进代谢，达到养生保健的目的。

下图是腿部和足部的一些主要穴位，通过按摩可以缓解疲劳，促进血液循环。

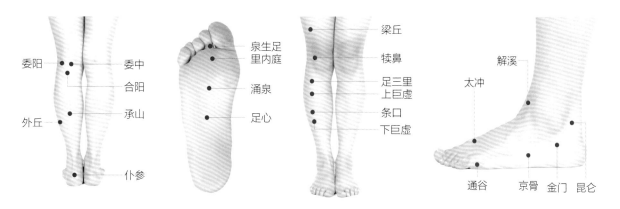

2. 足部护理方法

准备材料
酒精（75%）、粉尘刷、锉条、死皮剪、死皮推、营养油、死皮软化剂、棉片、清洁剂、脚搓板、脚盆和玫瑰浴。

操作重点
① 掌握脚部死皮的去除方法。
② 掌握脚趾甲的修剪方法。

注意事项
① 需去除的脚部死皮只能是脚跟和脚掌处的。
② 泡脚时注意水的温度，不能太烫。

操作流程

01 准备好工具，用酒精对死皮剪、死皮推、美甲师的双手和顾客的双脚进行消毒。

02 准备好泡脚盆，然后将一次性塑料袋套在脚盆上，防止交叉感染，接着倒入温水。

03 将玫瑰浴倒入盆中。美甲店通常备有多种不同效果的产品，可根据顾客的需求选择。

04 将顾客的双脚放入水中进行浸泡，一般浸泡5分钟左右即可。

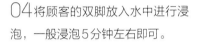

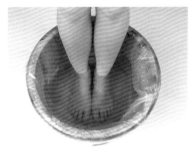

05 用一次性毛巾将脚部的水擦干。

06 戴上一次性手套，然后用一只手握住脚趾或前脚掌，用另一只手握住搓脚板来回打磨，直至死皮掉落。

07 用粉尘刷清洁死皮，然后用锉条对脚趾甲进行打磨。

13

不同风格美甲造型设计

一、日式风格美甲设计

日式风格美甲特点

日式美甲色彩相对清新，整体效果偏可爱。常用色系有裸粉、淡蓝、橘粉和浅红，款式图案多以卡通和花卉为主，饰品多以贴纸或者彩钻为主。

常用甲形

圆形和椭圆形，微笑线区域呈半圆形。

准备材料

酒精（75%）、粉尘刷、锉条、死皮剪、死皮推、海绵抛、营养油、死皮软化剂、棉片、清洁啫喱水、底胶、封层胶、甲油胶、干燥剂、光疗笔、光疗模型胶、卡通美贴纸和镊子。

操作流程

01 做好准备工作，用酒精对工具和双手进行消毒。

02 根据顾客的手形、甲形以及个人喜好，用美甲锉条修饰出常见的标准甲形。

03 在甲沟处涂抹软化剂，待死皮软化后，使死皮推与甲面约呈45°角，从甲面推向甲沟，然后用死皮剪将死皮剪掉。注意软化剂不能涂抹到甲面上，在用钢推或者死皮剪的时候不能修剪到皮肤。死皮一定要全部修剪干净。

04 用海绵抛打磨甲面使甲面粗糙，增加附着力，然后用粉尘刷扫掉甲面上的粉尘，接着用棉片蘸取清洁啫喱水，擦洗甲片。

05 在整个甲面上涂抹干燥剂，增加附着力，让甲油胶黏合得更牢固，待其干后在甲面上涂抹底胶，并照灯1分钟。

06 在甲面上涂抹一层裸粉色甲油胶，并照灯固化，注意涂抹甲油胶时边缘位置一定要留出空隙，不能涂满整个甲面，这样可以从视觉上改变甲形。为了使颜色更加饱满，可以重复操作一次。

07将卡通类贴纸用镊子取下来粘贴在甲面上，注意整个甲面的布局。然后用镊子将甲面的贴纸按压一遍，让贴纸粘贴得更牢固。

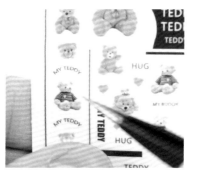

08用光疗笔蘸取光疗模型胶，涂抹在甲面的贴纸上，并照灯固化。光疗模型胶一定要涂抹均匀、平整，如果出现涂抹不均匀的情况可用海绵抛轻轻打磨甲面。

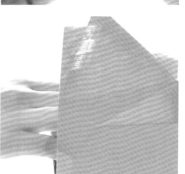

09在甲面上涂抹封层胶，并照灯固化，然后在甲沟处涂抹营养油，并按摩至完全吸收。

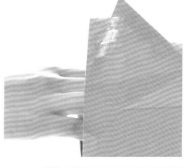

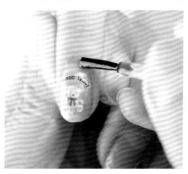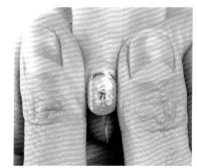

二、韩式风格美甲设计

韩式风格美甲特点

韩式美甲的颜色以糖果色居多，款式以晕染渐变和饰品镶嵌为主。在做韩式美甲的时候，要注意颜色的搭配和饰品的搭配。

常用甲形

圆形、椭圆形和方圆形。

准备材料

酒精（75%）、粉尘刷、锉条、死皮剪、死皮推、海绵抛、营养油、死皮软化剂、棉片、清洁啫喱水、底胶、封层胶、甲油胶、干燥剂、小笔和饰品。

操作流程

　　从手的消毒到为指甲上底胶的方法与前面相同（见"日式风格美甲设计"实例中的步骤01~05），这里就不再赘述。下面讲解为指甲上底胶后的操作方法。

 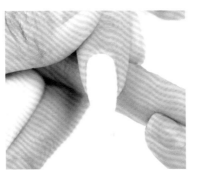 

01 在甲面上涂抹一层白色甲油胶，并照灯固化。为了使颜色更加饱满，可以重复操作一次。

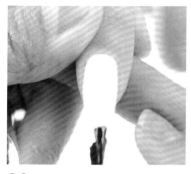  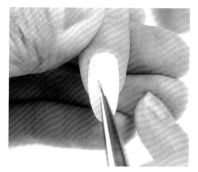

02 在甲面上涂抹一层底胶，不需要照灯，然后用小笔蘸取粉色甲油胶，在指尖和甲根部位晕染，接着照灯固化。注意晕染颜色的深浅，晕染边缘时过渡要自然。

03 第一层颜色晕染后，如果饱和度不高，可以再晕染一次。晕染第二层颜色的时候不需要在整个甲面上涂抹底胶，直接在晕染的位置涂抹粉色甲油胶，再用小笔蘸取适量的底胶，开始晕染，完成后照灯固化。

 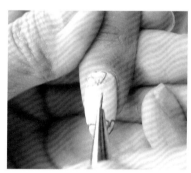 

04 用小笔蘸取咖啡色甲油胶，在晕染的部位绘制花瓣，注意花瓣的大小和布局。然后用小笔蘸取颜色合适的甲油胶，绘制花蕊，接着照灯固化。

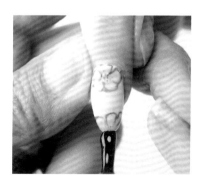  

05 在甲面上涂抹一层封层胶，并照灯固化。然后在甲沟处涂抹营养油，并按摩至完全吸收。

三、朋克风格美甲设计

朋克风格美甲特点

颜色多以深色为主，饰品以镶嵌为主，常用的饰品有铆钉、金属片等。整体设计夸张、大胆。

常用甲形

方形和方圆形。

准备材料

酒精（75%）、粉尘刷、锉条、死皮剪、死皮推、海绵抛、营养油、死皮软化剂、棉片、清洁啫喱水、底胶、封层胶、甲油胶、光疗延长胶、光疗模型胶、干燥剂、小笔和金属饰品。

操作流程

从手的消毒到为指甲上底胶的方法与前面相同（见"日式风格美甲设计"实例中的步骤01~05），这里就不再赘述。下面讲解为指甲上底胶后的操作方法。

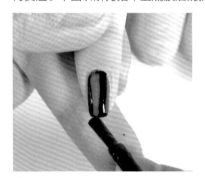

01 在甲面上涂抹一层黑色甲油胶，并照灯固化。涂抹的甲油胶要适量，并在甲沟处留出空隙，边缘需要包边。

02 为了使颜色更加饱满，可以重复操作一次。

03 准备好体现朋克风格的饰品和制作工具，如金属链条、专业剪刀等。

04 用小笔蘸取光疗延长胶，涂抹在甲面粘贴饰品的位置，然后将金属链条粘贴牢固，接着用剪刀将链条剪断，最后照灯固化。注意一定要用专业的美甲饰品剪刀，不能使用死皮剪。

05 为了使链条饰品粘贴得更加牢固，需要再次使用小笔蘸取光疗模型胶，对链条进行包边，然后照灯固化。

06 用棉片蘸取清洗啫喱水，擦拭甲面上的浮胶，然后在整个甲面上涂抹封层胶，并照灯固化。

07 在甲沟处涂抹营养油，然后按摩至完全吸收。

四、中式新娘美甲设计

中式新娘美甲特点

新娘美甲设计要根据婚礼当天的服饰来定，要与服饰协调搭配。比如传统的中式婚礼在服装上多选用红色，那么美甲的颜色也会以红色为主，饰品可以选择具有中式特色的，整体效果以喜庆、精致为宜。

常用甲形

方形、方圆形、圆形和椭圆形。具体可根据顾客的指甲情况和喜好而定。

准备材料

酒精（75%）、粉尘刷、锉条、死皮剪、死皮推、海绵抛、营养油、死皮软化剂、棉片、清洁啫喱水、底胶、封层胶、甲油胶、光疗延长胶、干燥剂、小笔和饰品。

操作流程

从手的消毒到为指甲上底胶的方法与前面相同（见"日式风格美甲设计"实例中的步骤01~05），这里就不再赘述。下面讲解为指甲上底胶后的操作方法。

01 在甲面涂抹一层红色甲油胶，并照灯固化。为了使颜色更加饱满，可以重复操作一次。

02 在指尖到微笑线的位置涂抹一层银色带散粉的甲油胶，然后用小笔在指尖的位置做出渐变的效果，并照灯固化。为了使颜色更加饱满，可以重复操作一次。

03 用小笔蘸取光疗延长胶，涂抹在甲面上，不用照灯，然后粘贴饰品，注意饰品的搭配。对饰品进行封边，最后照灯固化。

04 整体完成后在甲面上涂抹封层胶，并照灯固化。然后在甲沟处涂抹营养油，并按摩至完全吸收。

五、西式新娘美甲设计

西式新娘美甲特点

西式婚礼新娘一般会穿洁白的婚纱，因此美甲设计也应该以白色为主，旨在和整体服装搭配协调。饰品选择以精致、优美、时尚为主，于细微之处凸显浪漫和优雅。

常用甲形

方形、方圆形、圆形和椭圆形。具体可根据顾客的指甲情况和喜好而定。

准备材料

酒精（75%）、粉尘刷、锉条、死皮剪、死皮推、海绵抛、营养油、死皮软化剂、棉片、清洁啫喱水、底胶、封层胶、甲油胶、干燥剂、光疗延长胶、点钻笔、饰品和小笔。

操作流程

　　从手的消毒到为指甲上底胶的方法与前面相同（见"日式风格美甲设计"实例中的步骤01~05），这里就不再赘述。下面讲解为指甲上底胶后的操作方法。

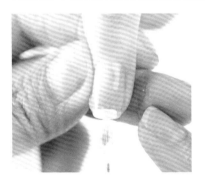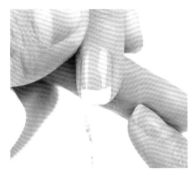

01 在指尖到微笑线的位置涂抹一层白色甲油胶，呈现出法式效果，然后照灯固化。注意指尖微笑线的流畅度，如果顾客的指尖比较短，可以用美甲小笔进行涂抹。为了使颜色更加饱满，可以重复操作一次。

02用小笔蘸取光疗延长胶，涂抹在整个甲面上，不需要照灯。延长胶涂抹的位置根据饰品粘贴的位置而定。

03用点钻笔将饰品粘贴到甲面上，注意布局，饰品的大小要不一致，这样在视觉上会更加生动。所有饰品粘贴完成后照灯固化。

04用小笔蘸取光疗延长胶，对所有饰品的边缘位置进行包边，然后照灯固化。注意包边的时候不能将光疗延长胶涂抹到饰品的表面，也不能涂抹得太厚，取量要适中。

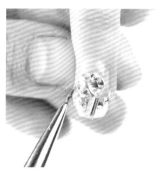 

05用棉片蘸取清洁啫喱水，将甲面上的浮胶擦拭干净，然后涂抹封层胶。注意涂抹时要避开整个饰品部分。接着照灯固化。

06在甲沟处涂抹营养油，然后按摩至完全吸收。

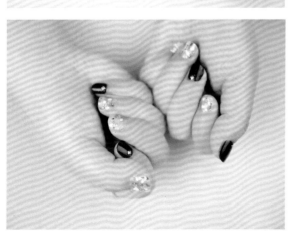